FEDERN

MEISTERSTÜCKE DER EVOLUTION

HEIDI KOCH · HANS-JÜRGEN KOCH

FEDERN

MEISTERSTÜCKE DER EVOLUTION

FREDERKING & THALER

INHALT

EINLEITUNG 13

PLUMOLOGIE:
DIE FEDER IM FOKUS DER WISSENSCHAFT **23**
Vom komplexen Design einer nachwachsenden Ressource

ER FLIEGT, WEIL ER ES KANN! 69
Von Vögeln, Menschen und der Gravitation

DIE GANZE PALETTE 113
Von der Entstehung berauschender Farben und ihrer Bedeutung

FEMININE VORLIEBEN
UND RÄTSELHAFTE DEKADENZ 157
Von blutigen Modeerscheinungen und der Suche nach dem Sinn des Schönen

EPILOG 198

BILDINFORMATIONEN 200

MAKING-OF 213

REGISTER 222

DANK | VITA | IMPRESSUM 224

« **STOCKENTE**
Anas platyrhynchos
Erpellocke

▲ **FEDERARRANGEMENT**
Diverse Arten

›› **BLAU-SEIDENKUCKUCK**
Coua caerulea
Armschwinge

››› **BLAUER PFAU**
Pavo cristatus
Rückenfeder

EINLEITUNG

Was bist du, woher kommst du, Feder?

« **HIMALAYA-GLANZFASAN**
Lophophorus impejanus
Halsgefieder

Seit der Mensch zum Himmel schaute, sah er die Vögel, und sie waren schön in ihren Federn, und sie konnten fliegen. Er nicht.

Nicht einmal ein Fell hatte er. Wenn seine Haare sprießten, dann oft an seltsamen Stellen. Eigentlich war er nackt. Seine Körperoberfläche, in jungen Jahren glatt, erschien zunehmend faltig, mal heller, mal dunkler. Aber nicht farbenfroh. Wie anders wirkten doch die Vögel.

Diese Wesen waren dem Himmel nah, und damit den Schöpfern. Dafür stand die Feder. Sie symbolisierte die Beziehung zu einer außermenschlichen Wirklichkeit, fungierte als Mittlerin zwischen den Welten, zwischen Himmel und Erde, Diesseits und Jenseits, Menschen und Göttern.

Im alten Ägypten war die Frauengestalt mit der Straußenfeder auf dem Kopf allgegenwärtig. Göttin Maat verkörperte das Konzept der moralischen Weltordnung. Ihre Feder repräsentierte Gerechtigkeit und Wahrheit. Jeder verblichene Ägypter – egal ob Steinmetz oder Pharao – musste sich vor einem Totengericht für sein Leben rechtfertigen. Sein Herz, als Sitz der Seele, wurde mit der Feder der Maat aufgewogen. War seine Seele schwerer, fand das Dasein ein Ende, jetzt ein endgültiges. Die dämonische Jenseitsgöttin Ammit fraß sein Herz samt Seele und schickte den armen Kerl in die Unterwelt.

Das Mythenuniversum ist voller gefiederter Protagonisten. Zu den bekanntesten zählen die Engel. In nahezu allen Religionen sind sie unverzichtbar. Deren Erscheinungsbild hat sich über die Zeiten verändert, von feurigen Himmelswesen bis hin zu androgynen Lichtgestalten oder wohlgenährten Putten, ihre Hauptrolle ist jedoch stets die der göttlichen Boten. Exklusives Kennzeichen: gefiederte Flügel.

In der christlichen Mythologie sind die himmlischen Heerscharen streng hierarchisch organisiert in die Neun Chöre der Engel. Entsprechend ihrem höchsten Rang besitzen die gottnahen Seraphim sechs Flügel. Nur ein Flügelpaar dient dem Fliegen, die anderen bedecken den Körper und das Geschlecht. Ganz unten rangiert der gewöhnliche Engel. Er steht dem Menschen nahe und muss mit einem einzigen Flügelpaar zurechtkommen. Zuständig für einfache Aufgaben, übernimmt er zum Beispiel die Tätigkeit als Schutzengel. Aber nicht alle Himmelswesen haben ein wohlwollendes Naturell.

Als einst der Engel Luzifer samt Anhängerschar gegen die Obrigkeit rebellierte, wurden er und seinesgleichen von Gott aus dem Himmelreich verstoßen. Bei diesem jähen Höllensturz verlor der gefallene Engel auch seine himmlischen Federn. Seitdem trägt das Böse Fledermausflügel.

Im Mythenreich war die Furcht immer allgegenwärtig. Der majestätische Donnervogel der nordamerikanischen indigenen Völker besaß eine erschreckende Physis. Seine Flügelspannweite war gewaltig, mindestens so groß wie zwei Kriegskanus. Mit einem Schwingenschlag ballte er Wolken zusammen, Donner grollte und Regen prasselte aus dem Gefieder. Mit mächtigen Fängen erbeutete er Wale aus dem Meer und trug sie fort zu seinem Nest, irgendwo weit oben in den nebelverhangenen Bergen.

Die Erdenbewohner waren stets mit Mischwesen konfrontiert. Der Greif vereinte den König der Lüfte mit dem König der Tiere. Die Kreatur, verschmolzen aus Adler und Löwe, konnte beides beherrschen, Himmel und Erde. Ihre Geschichte begann Ende des 4. Jahrtausend v. Chr. im orientalischen Raum und zog sich durch die ganze Antike und das Mittelalter bis in die Märchen der Brüder Grimm. Als häufig verwendetes Wappentier hat das Fabelwesen die Vergangenheit überlebt und ist im Jetzt angekommen.

Ein bemerkenswertes Exemplar aus dem sagenhaften Bestiarium ist Quetzalcoatl, gleichermaßen verehrt, wie gefürchtet. Die Gottheit verschiedener mittelamerikanischer Kulturen war eine große, gefiederte Schlange. Ihre ungewöhnliche Erscheinung – als Reptil mit Federn – kommt der irdischen Realität erstaunlich nahe.

Die meisten Menschen assoziieren Federn mit Vögeln und dem Fliegen. Diese Vorstellung ist falsch, aber nachvollziehbar, denn sie kennen es ja nicht anders, sie sehen Federn schließlich nur an Vögeln. Wissenschaftlern ging es in der Vergangenheit ebenso.

Für die Gelehrten war ein Fossil, das 1860 in der Fränkischen Alb im Altmühltal ausgegraben wurde, lange das Maß aller Dinge, geradezu eine Reliquie. Eingeschlossen in 150 Millionen Jahre altem Jura-Kalk glich die Versteinerung bis ins Detail einer modernen Vogelfeder. Die ausgestorbene Kreatur, von der sie einmal stammte, erhielt den Namen Archäopteryx, »uralte Schwinge«.

Bald wurde im gleichen Steinbruch das gut erhaltene Skelett dieses Tieres gefunden. Es war ein Mischwesen, das anatomische Merkmale sowohl von Dinosauriern als auch von Vögeln aufwies. Das seltsame Tier konnte offensichtlich fliegen, denn im Stein waren deutliche Abdrücke von Schwung- und Schwanzfedern erkennbar. Archäopteryx wurde zur Ikone: Er war der Urvogel.

Weit entfernt von Bayern ereigneten sich vor etwa 124 Millionen Jahren in der Inneren Mongolei einige heftige Vulkaneruptionen, welche die gesamte Region mit feinster Asche bedeckten und alle Lebewesen unter sich begruben. Die geologische Yixian-Formation war besonders ergiebig an hervorragend konservierten Artefakten. Hier, in der Provinz Liaoning, im äußersten Nordosten Chinas, arbeitete Li Yumin als Bauer. Aber anstatt den Erdboden zu beackern, durchwühlte er ihn nach Fossilien, so wie an jenem denkwürdigen Tag im August 1996. Da entdeckte der Freizeit-Paläontologe Sinosauropteryx. Es war ein typischer kleiner Raubsaurier, wie man ihn schon kannte, gerade einmal 70 Zentimeter groß, der auf zwei Beinen lief, kurze Ärmchen hatte, einen langen Schwanz und scharfe Zähne. Aber dieses Exemplar war mit einer Art Fusseln bedeckt. Er war der erste Saurier, bei dem Federn nachgewiesen wurden. Der bedeutende US-amerikanische Dinosaurierspezialist John Ostrom hoffte schon lange auf einen solchen Fund, denn er hatte so eine Ahnung, woher die Vögel mit ihren Federn kamen. Als er zum ersten Mal ein Foto des Fossils betrachtete, hatte er Tränen in den Augen.

Dieser kleine Phoenix aus der alten Vulkanasche löste ein Erdbeben in der Welt der Wissenschaft aus. Die tektonischen Platten der Paläontologie verschoben sich. Es war ein Schock, dass Federn lange vor den Vögeln entstanden waren, sehr lange vor Archäopteryx.

Forscher vermuteten zunächst, die primitiven Federstrukturen dienten der Wärmeisolation. Das war naheliegend. Später entdeckten sie bei elektronenmikroskopischen Untersuchungen Überreste von Pigmentzellen. Ihre Analyse ergab, dass die Federn von Sinosauropteryx ursprünglich farbig waren, weiß, fuchsrot, braun und schwarz. Der Dino war fleckig gemustert und hatte einen ausgeprägt braun-weiß gestreiften Ringelschwanz.

Die Ergebnisse ließen nur einen Schluss zu: Die auffällige Musterung hatte vorwiegend eine soziale beziehungsweise sexuelle Funktion, sie war Schmuck und diente der Balz. Vielleicht tanzte dieser kleine fransige Dino sogar, um eine Saurierfrau zu bezirzen.

Es folgte eine ganze Reihe weiterer Funde gefiederter Saurier: Yutyrannus, Kulindadromeus, Citipaty, Xiaotingia, Anchiornis. So fremdartig wie ihre Namen klingen, war ihre Erscheinung. Aus heutiger Sicht müssen sie wie Fabeltiere ausgesehen haben. Der rätselhafte Changyuraptor yangi etwa offenbarte sich als vierflügeliges Individuum. Er besaß Federn nicht nur an den vorderen Extremitäten, sondern auch an den Beinen bis hinunter zu den Klauen und dazu noch lange aufgefächerte Schwanzfedern. Anscheinend konnte er tatsächlich fliegen, wie immer er das auch zustande brachte. Er war schon ein komischer Vogel, dieser Dinosaurier!

Die wissenschaftliche Federverwirrung ließ sich noch steigern. In Brasilien wurde ein 113 Millionen Jahre alter Flugsaurier namens Tupandactylus imperator entdeckt. Er war zwar kein Dinosaurier, gehörte aber zu einer eigenständigen Schwestergruppe mit gemeinsamen Vorfahren. Mit seinen rund fünf Meter Spannweite hatte er die uneingeschränkte Lufthoheit in seiner Epoche. Aber zum Fliegen brauchte er keine Federn. Das Kunststück vollbrachte er mit Membran-Häuten, die er zwischen sehr langen Fingern aufspannte.

Das Spektakuläre an seiner ohnehin schon bemerkenswerten Gestalt war ein überdimensionierter Kopfkamm, eine Art Segel, das mit kleinen bunten Federchen bedeckt war. Der Imperator hatte anscheinend ein hübsch-hässliches Haupt mit kommunikativer Strahlkraft. Der imposante Prachtkerl war nicht zu übersehen.

›› **ARGUSFASAN**
Argusianus argus
Deckfeder

››› **HYAZINTH-ARA**
Anodorhynchus hyacinthinus
Nackengefieder

Die aufregenden Entdeckungen lassen darauf schließen, dass die frühen Federn eine rein ästhetische Neuerung waren: zum Prahlen, Protzen und Flirten! Die Dinosaurier, diese »schrecklichen Echsen«, die schuppigen Ungeheuer, sahen für damalige Verhältnisse wohl recht charmant aus. An diesen Gedanken mussten sich orthodoxe Evolutionsbiologen erst einmal gewöhnen.

Mit dem Fliegen hatten Federn zunächst nichts zu tun. Wahrscheinlich waren selbst Flügel damals nur plakative Werbeflächen, mit denen Dinosaurier bedeutsam herumwedelten, zum Ködern eines Sexpartners. Die Funktion der Federn, die Schwerkraft zu besiegen, entwickelte sich erst am Schluss ihrer Entstehungsgeschichte. Das war ein langer Weg nach oben. Und das Fliegen mit Federn erlernten zuerst die Dinosaurier, bevor es Vögel überhaupt gab.

Ein Asteroideneinschlag vor 66 Millionen Jahren änderte das Weltgeschehen. Nach der Katastrophe herrschten Finsternis und Kälte. Drei Viertel aller Lebewesen verschwanden, darunter die meisten Dinosaurierarten. Die Ära der schrecklichen Echsen endete, die der Vögel begann. Ihre Vorläufer besetzten frei gewordene ökologische Nischen. Die Evolution probierte Neues, die Formen- und Farbvielfalt explodierte. Alle Vögel der heutigen Erde sind Nachfahren jener zweibeinigen gefiederten Raubsaurier, die das Massensterben überlebten.

Damals wuselte ein mausartiger Winzling zwischen den Füßen der Dinosaurier umher, wenn er Mut hatte. Schon lange stand er im Schatten der Giganten. Die Aussicht, dass aus ihm jemals etwas Großes werden würde, war äußerst gering. Der Impakt änderte das. Erst als die Dinosaurier verschwanden, hatte das Säugetier seine Chance und nutzte sie. Schon bald nach der geologischen Zeitenwende tauchten die ersten Primaten auf, unsere Vorfahren der frühesten Generation. Für Vögel und Menschen war die Apokalypse der Weg in ihre gemeinsame Zukunft.

Federn sind Vermächtnisse aus der Urzeit. Stets haben sie die Vorstellungskraft ihrer Betrachter herausgefordert. Sie dienen als Projektionsfläche für die komplexe menschliche Identität: Adlerfedern bei den indigenen Völkern Nordamerikas, Papageienfedern in Amazonien, Federn von Paradiesvögeln in Papua-Neuguinea.

Sie war angespannt, wusste aber, was sie tat. Mit tausend Stichen in der Minute injizierte die Nadel winzige Tröpfchen Pigmente in ihre blasse Haut. Zuerst die Konturen und Schattierungen, dann die farbigen Flächen einer Feder. Über Epochen und Kulturen hinweg geht die Bedeutung der Feder immer auch über ihre materielle Existenz hinaus. Ob für die junge Frau aus Berlin, oder den Maori am anderen Ende der Welt. Für beide ist das Motiv von großer Bedeutung.

PLUMOLOGIE: DIE FEDER IM FOKUS DER WISSENSCHAFT

Vom komplexen Design einer nachwachsenden Ressource

*Federn sind eine multifunktionale Innovation.
Sie schützen vor mechanischen Verletzungen, sind eine Barriere
gegen Sonnenstrahlen, Staub und Dreck, sie lassen den Regen
abperlen und verhindern das Erfrieren im eisigen Wind.
Federn ermöglichen den tollkühnen Ritt durch die Lüfte.
Durch seine Federn verschmilzt der Vogel mit der Umgebung oder
er nutzt sie raffiniert zur visuellen Kommunikation mit seinesgleichen.*

‹‹‹ GROSSER EMU

Dromaius novaehollandiae
Körperfeder

‹‹ KAISERPINGUIN

Aptenodytes forsteri
Brustgefieder

Ihr Baumaterial ist Keratin, ein faseriges Protein, das vom Organismus gebildet wird. Es ist die widerstandsfähigste Substanz in der belebten Natur und Hauptbestandteil von Haaren und Fingernägeln, Hörnern, Krallen und Klauen, auch von Schuppen der Reptilien oder den Stacheln eines Igels. Federn spielen jedoch in einer anderen Liga. Ihre Konstruktion ist unübertroffen die komplexeste Körperbedeckung, die im Tierreich zu finden ist.

Wenn die Feder auf ihrem Vogel geboren wird, ist sie zunächst nur ein kleines stumpfartiges Gebilde, das aus der Haut herausragt. An der Basis dieses stark durchbluteten Follikels werden unablässig neue Zellen produziert. Von hier aus wächst die Feder nach oben. In einer röhrenförmigen Schutzhülle, der sogenannten Federscheide, entwickelt sich die Federstruktur. Sobald die Federspitze ausdifferenziert ist, durchstößt sie die Kuppel der Röhre und entfaltet sich. An der Basis geht währenddessen die Herstellung neuer Zellen weiter. Stück für Stück wird die nachwachsende Feder aus der Federscheide herausgeschoben, die ihrerseits allmählich zerbröckelt.

Mit dem Auswachsen der Feder kappt der Organismus die Blutversorgung. Auf dem Höhepunkt ihres Daseins, in makelloser Pracht und voller Funktionalität, ist sie jetzt ein totes Ding. Sie wächst nicht mehr weiter. Stattdessen arbeitet sie sich am Leben ab, so wie es ihre Aufgabe ist. Sie wird abgenutzt, verbraucht. Wind und Sonne tun ein Übriges. Hinzukommen Parasiten, die Löcher in sie nagen. Jetzt ist sie verschlissen und sieht nicht mehr gut aus. Außerdem ist sie hochgradig kontaminiert, denn sie fungiert auch als Deponie für schwefelhaltige Verbindungen und andere Schadstoffe, die als Stoffwechselprodukte anfallen und entsorgt werden müssen. Schließlich wird sie von ihrem Vogel verstoßen. Ausgemustert fällt sie aus ihrem Follikel heraus und ist nur noch Abfall, vielleicht nutzbar als Polstermaterial in dem Nest eines anderen Tieres. Aber dann geschieht das Mysterium der Mauser. Durch Hormone gesteuert, beeinflusst durch Faktoren wie Temperatur, Tageslicht und Nahrungsangebot erwacht ihr Follikel, der, aus dem sie einst erwachsen ist, zu neuem Leben. Die aktivierte Wachstumszone produziert jetzt wieder unentwegt neue Zellen. Die Feder wird wiedergeboren.

Ein legendärer Leitsatz in Design und Architektur lautet: *Form follows function*, die Form folgt der Funktion. Die äußere Erscheinung eines Objektes wird durch seine Funktion bestimmt. Umgekehrt sollten sich aus der Form Rückschlüsse auf die Funktion ziehen lassen. Erfunden hat das zugrundeliegende Prinzip die Natur. Federn sind erstarrte Funktion. Kundige Wissenschaftler können in ihnen lesen wie in einem offenen Buch. Federn geben Plumologen Auskunft über ökologische Ansprüche, Ernährung oder Fortbewegung ihrer Träger. Das Gefieder erzählt vom Leben der Vögel.

Die sichtbaren Federn eines Vogels werden Konturfedern genannt, denn sie bestimmen seine äußere Erscheinung, seine Form. Trotz aller Unterschiedlichkeit sind sie nach dem gleichen Grundprinzip aufgebaut.

Ähnlich dem Stiel eines Blattes bildet der Kiel die Achse der Feder. Das kräftige untere Ende wird Spule genannt. Mit ihr ist die Feder in der Haut befestigt. Der obere Abschnitt des Kiels ist der Schaft. Von ihm gehen beidseitig eine Reihe parallel angeordneter Äste ab. Dies kann man noch mit bloßem Auge erkennen. Von den Federästen wiederum zweigen viele mikroskopisch winzige Bogenstrahlen und Hakenstrahlen ab. Sie sind so angeordnet, dass sich die Haken- und Bogenstrahlen benachbarter Äste miteinander verhaken, so wie bei einem Klettverschluss. Äste und Strahlen bilden eine feste, glatte, geschlossene Fläche, die Federfahne. Diese wird in Innen- und Außenfahne unterteilt. Dabei wird im Gefieder die Innenfahne einer Feder immer von der Außenfahne der benachbarten Feder bedeckt.

Bei extremer mechanischer Beanspruchung, durch Zusammenstöße mit Vegetation etwa oder in Auseinandersetzungen, können die Verbindungen zwischen den Federästen reißen. Doch die entstandenen Verletzungen in der Fahne sind reversibel. Der Vogel repariert sie selbst, indem er die Feder durch den Schnabel zieht und den Mechanismus wieder schließt. Die Feder ist damit erneut voll funktionstüchtig.

Je nach ihrer Lage am Vogelkörper werden die Konturfedern unterteilt. Schwungfedern bilden die Tragflächen des Vogels. Sie befinden sich an Arm und Hand des Flügels. Die Ansprüche an diese Federn sind hoch. Neben ihren aerodynamischen Eigenschaften müssen sie stabil und gleichzeitig biegsam sein, dabei leicht und widerstandsfähig, sie müssen luftdicht schließen und im Zweifel problemlos zu flicken sein.

Die Handschwingen sind die äußeren Federn des Flügels und die größten des Vogels. Sie sind leicht gebogen und deutlich asymmetrisch geformt. Die Außenfahne ist schmal und steif. Die breitere Innenfahne ist dem Körper zugewandt und weicher. Die meisten Vogelarten besitzen zehn Handschwingen pro Flügel.

Die Armschwingen sind an der Elle des Flügelskelettes befestigt. Ihre Asymmetrie ist weniger stark ausgeprägt. Je nach Größe der Art schwankt ihre Anzahl zwischen sechs und 40.

Bei zusammengefalteten Flügeln schützen Schirmfedern die darunterliegenden Federn.

Die Steuerfedern bilden den Schwanz des Vogels. Sie besitzen einen langen, geraden Kiel. Das mittlere Federpaar ist symmetrisch aufgebaut, die äußeren Schwanzfedern dagegen asymmetrisch. Die meisten Arten besitzen zwölf Steuerfedern.

Die biologische Rolle der Schwanzfedern ist vielfältig. Sie dienen der Steuerung und Stabilität während des Fliegens; mit ihnen hält der Vogel das Gleichgewicht und bremst seinen Flug ab. Sie halten die Balance beim Sitzen und Laufen, helfen auch beim Klettern am Baumstamm.

Die glatten Deckfedern mit ihren symmetrischen Fahnen liegen in Schichten übereinander und bedecken den

Rumpf, den Kopf und die Basis von Schwanz und Flügeln. Sie sind die Außenhülle des Vogels und eine Barriere gegen Umwelteinflüsse. Die Deckfedern vieler Arten besitzen unterhalb der eigentlichen Fahne noch eine kleine Nebenfeder, auch Afterfeder genannt.

Ganz anders konstruiert als die Konturfedern sind die Dunen oder Daunen. Sie besitzen nur einen kurzen Schaft. Ihre langen, biegsamen Federäste verzahnen nicht und bilden somit keine geschlossenen Fahnen. Daunen sind weich und flauschig. Durch ihr großes Volumen bilden sie ein Luftpolster zwischen der Haut und den Konturfedern. Dieser Federtyp ist als Untergefieder über den gesamten Körper verteilt und dient im Wesentlichen der Wärmeisolation.

Zu den Federn mit Spezialaufgaben zählen Borsten- und Fadenfedern. Sie sind die einzigen Federtypen, deren Follikel mit Nerven verbunden sind und somit als Rezeptoren eingesetzt werden können. Borstenfedern schützen beispielsweise die Nasenöffnungen. An Augenlidern fungieren sie als »Wimpern«, an der Schnabelbasis als »Tasthaare«. Die filigranen Fadenfedern sitzen in der Nähe von Konturfedern. Mit ihnen »fühlt« der Vogel die Position der Federn an seinem Körper.

Einige Vogelarten, unter anderem Reiher und Papageien, verfügen über eine weitere Sonderform, die daunenähnlichen Puderfedern. Die Spitzen dieser ständig nachwachsenden Federn zerfallen zu feinstem Keratingranulat, welches wasserabweisend wirkt und der Gefiederhygiene dient. Wenn eine Taube im Irrflug durch die Straßenschluchten mit einer Fensterscheibe kollidiert, erinnert ein staubiger Abdruck auf dem Glas an das Unglück und die Existenz dieser Spezialfedern.

Soweit zum profanen praktischen Nutzen der Federn.

Die Kunstschule Bauhaus befolgte den Form-follows-function-Gedanken konsequent. Sie forderte den Verzicht auf jeglichen Schmuck und Ornamente. Die Evolution sah das schon immer anders und praktizierte das Gegenteil. Sie schuf die Schmuckfeder. Extravaganz in Größe, Form, Farbe und Musterung. Ihre Funktion: spektakulär auffallen!

‹ **EISTAUCHER**
Gavia immer,
Deckfeder

›› **ZWERGFLAMINGO**
Phoeniconaias minor
Schulterfeder

▲ PRACHTEIDERENTE
Somateria spectabilis
Schirmfeder

◀ MANDARINENTE
Aix galericulata
Schulterfeder

*Perfektion
ist nicht dann erreicht,
wenn es nichts mehr
hinzuzufügen gibt,
sondern wenn man
nichts mehr
weglassen kann.*

*ANTOINE DE SAINT-EXUPÉRY
1900-1944*

◂ GRAUHALS-KRONENKRANICH
Balearica regulorum
Armdeckfeder

▲ KRAUSKOPFARASSARI
Pteroglossus beauharnaesii
Kopfgefieder

› AFRIKANISCHER STRAUSS
Struthio camelus
Rückengefieder von Jungtier

›› GEIERPERLHUHN
Acryllium vulturinum
Feder aus Halskragen

▲ **KORMORAN**
Phalacrocorax carbo
Deckfeder

◀ **HELMKASUAR**
Casuarius casuarius
Körperfeder

Sogar wenn der Vogel geht, fühlt man, dass er Flügel hat.

ANTOINE-MARIN LEMIERRE
1733-1793

› **GRAUHALS-KRONENKRANICH**
Balearica regulorum
Schulterfeder

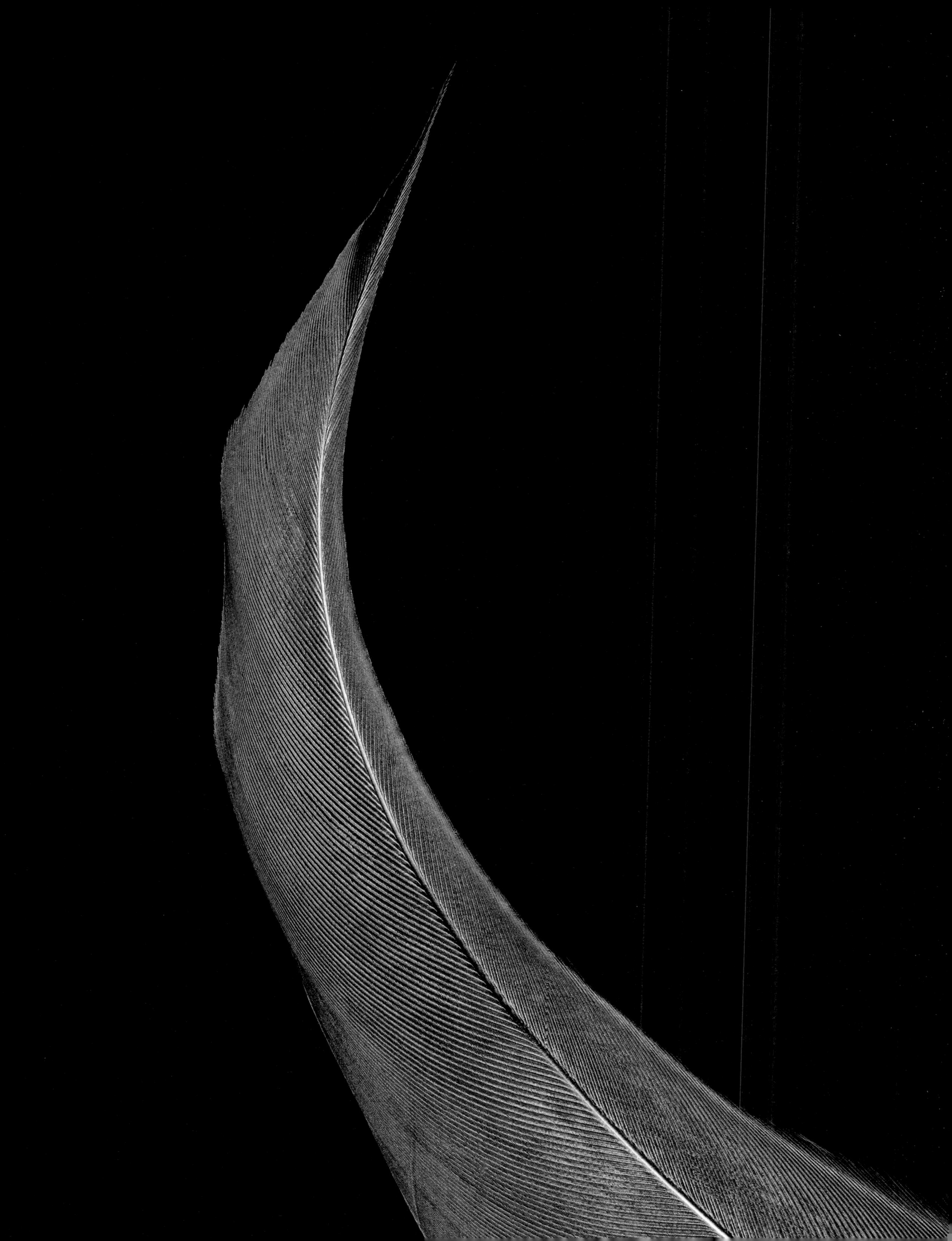

▲ STROHHALSIBIS
Threskiornis spinicollis
Halsfeder

◂ AFRIKANISCHER STRAUSS
Struthio camelus
Daunenfeder

▸▸ GRAUHALS-KRONENKRANICH
Balearica regulorum
Federkrone

▲ ZWERGFLAMINGO
Phoeniconaias minor
Schulterfeder

▶ FADENHOPF
Seleucidis melanoleucus
Flankenfeder

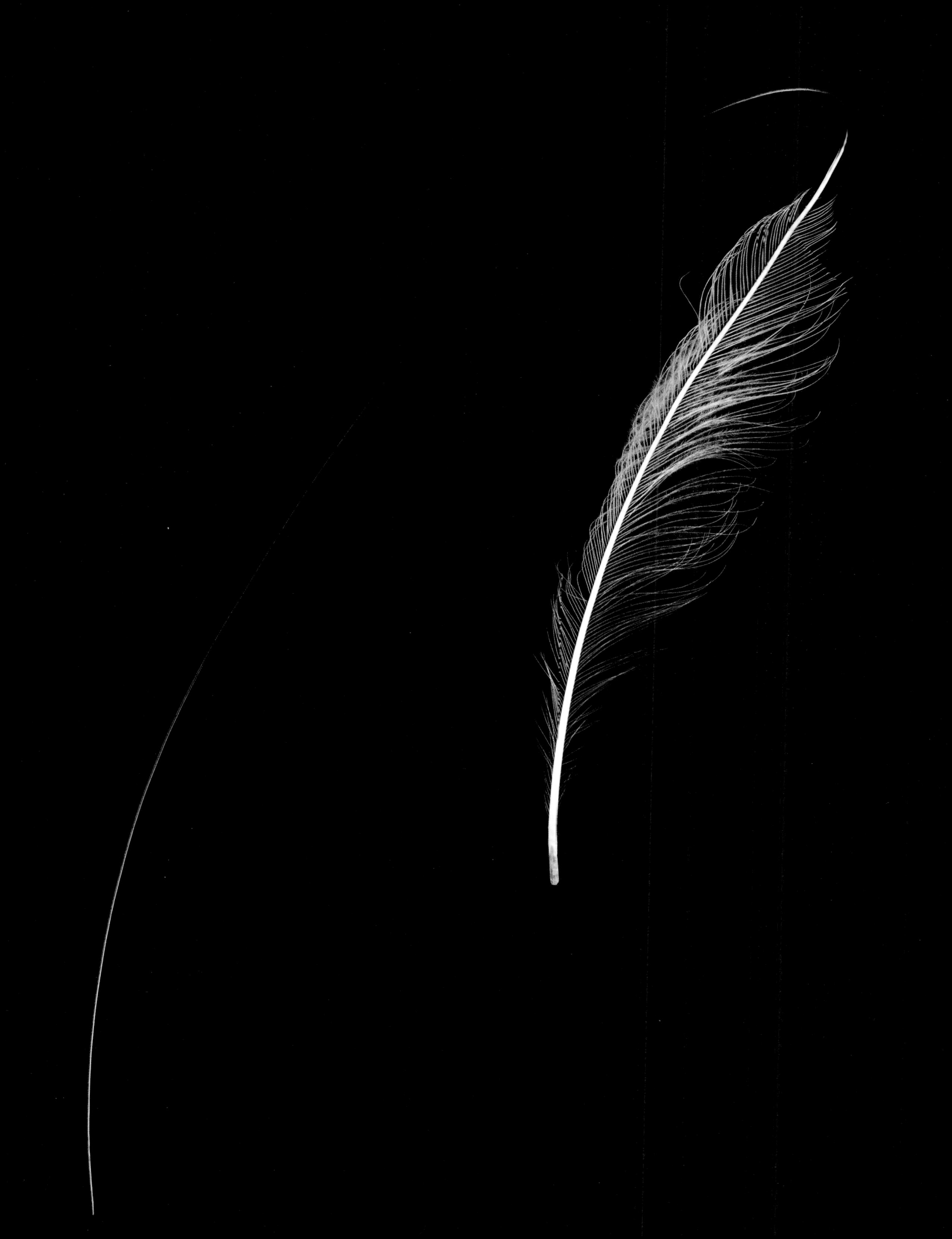

▲ SONNENRALLE
Eurypyga helias
Steuerfeder

◀ GEIERPERLHUHN
Acryllium vulturinum
Feder aus Halskragen

▶▶ KÖNIGSPINGUIN
Aptenodytes patagonicus
Kopf-Hals-Gefieder

Design ist nicht nur, wie es aussieht und sich anfühlt. Design ist, wie es funktioniert.

STEVE JOBS
1955–2011

‹ **WALDSCHNEPFE**
Scolopax rusticola
Schnepfenbart

▲ DIAMANTFASAN
Chrysolophus amherstiae
Schulterfeder

▶ BUNTSTORCH
Mycteria leucocephala
Schirmfeder

▲ KRAGENHOPF
Lophorina superba
Kragenfeder

›› DREIZEHENMÖWE
Rissa tridactyla
Handschwinge

‹ DIAMANTFASAN
Chrysolophus amherstiae
Oberschwanzdeckfeder

››› MANDARINENTE
Aix galericulata
Segelfeder

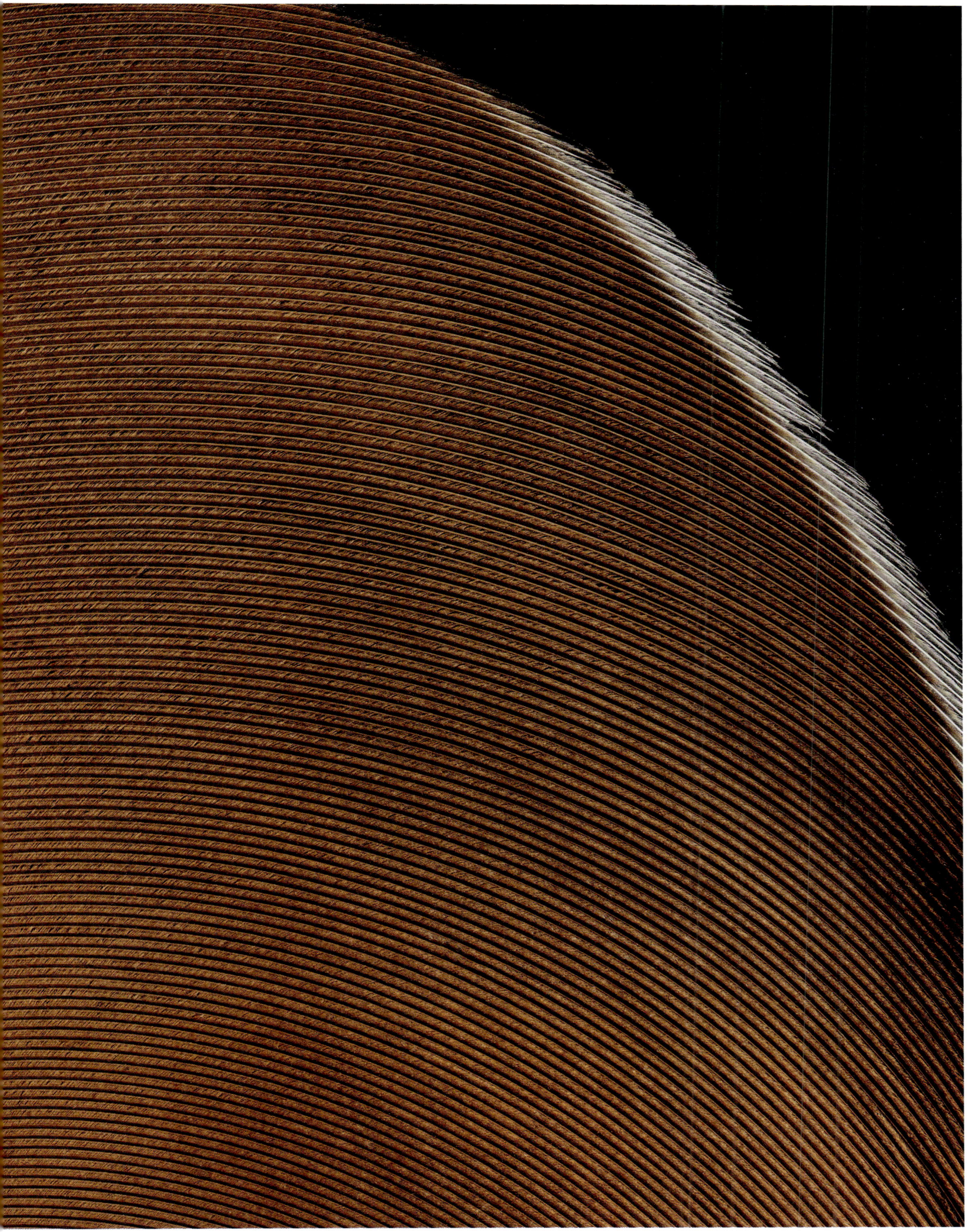

▲ KÖNIGSPINGUIN
Aptenodytes patagonicus
Rückengefieder

◂ KÖNIGSPINGUIN
Aptenodytes patagonicus
Deckfeder

▸▸ NÖRDLICHER STREIFENKIWI
Apteryx mantelli
Körpergefieder

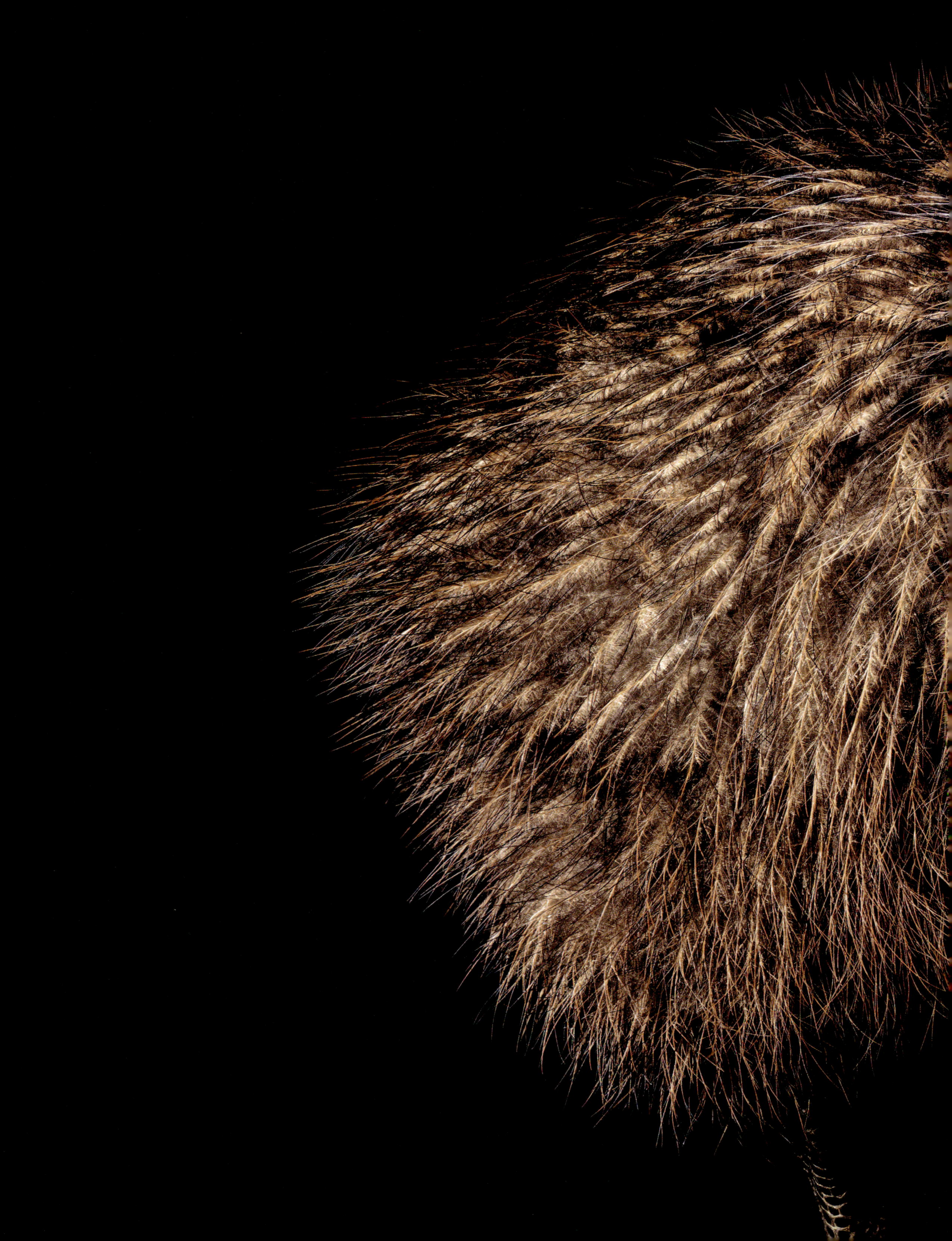

ER FLIEGT, WEIL ER ES KANN!

Von Vögeln, Menschen und der Gravitation

Ikarus, Sohn des Daidalos, gehorchte der Gravitation und begab sich im freien Fall von ganz oben in die Wogen nach ganz unten. Vom azurblauen Himmel folgte ihm eine Wolke hinabtaumelnder Federn. Hätte er nur auf seinen Vater gehört! Jetzt war es zu spät. Er ließ sein Leben im Ägäischen Meer. Das kam so …

‹‹‹ **SCHARLACHARA**
Ara macao
Gefieder in Flughaltung

‹‹ **BLAUSTIRNAMAZONE**
Amazona aestiva
Steuerfeder

Vater und Sohn wurden von König Minos schon längere Zeit auf Kreta gefangen gehalten. Daidalos verabscheute die Insel und das Exil. Aber der mächtige Minos beherrschte das Meer, sodass ein Entrinnen über das Wasser unmöglich war. Daidalos plante eine riskante Flucht. Die Vögel waren das Vorbild. Der brillante Handwerker und Künstler ersann eine Konstruktion aus Federn und Kerzenwachs. Er verwendete verschiedene Federn, kleine und große, und ahmte die Form eines Flügels nach. Die zur Flucht Entschlossenen schnallten die Schwingen an ihren Armen fest. Und tatsächlich, nach ein wenig Übung, flogen beide davon. Zuvor ermahnte Daidalos seinen Sohn, nicht zu nahe an die Sonne zu fliegen.

Berauscht vom Flug stieg Ikarus höher und höher. Es kam, wie zu erwarten. Die sengende Hitze der Strahlen ließ das Wachs schmelzen. Die wunderbaren Flügel fielen auseinander. Panisch, mit den Armen hilflos rudernd, sank der Übermütige wie ein Stein in Richtung Erdmittelpunkt, so wie die Naturgesetze es vorsehen.

Ungefähr 1970 Jahre nachdem der römische Dichter Ovid diese tragische Geschichte aus der griechischen Mythologie niedergeschrieben hatte, und 384 400 Kilometer entfernt, fand ein ähnliches physikalisches Experiment statt. David Randolph Scott umfasste mit seinem rechten Handschuh einen Hammer, in seinem linken hielt er behutsam eine Falkenfeder. Beide Gegenstände ließ er gleichzeitig los. Wenig später erreichten sie im selben Moment den staubigen Mondboden. Im luftleeren Raum fallen alle Dinge, unabhängig von ihrer Masse und Beschaffenheit, gleich schnell. Galileo Galilei hatte also Recht, und der Commander der Apollo 15 Mondmission hüpfte ausgelassen in großen Sprüngen davon. Die Falkenfeder liegt immer noch auf dem Erdtrabanten. Kein Lüftchen wird sie je bewegen.

Ganz anders sind die Verhältnisse auf unserem Heimatplaneten. Hier fallen ein Hammer – oder ein Ikarus – deutlich schneller als eine Feder. Die fehlende Luft ist der Grund, weshalb selbst Vögel auf dem Mond nicht fliegen können, auf der Erde hingegen schon, und zwar sehr gut.

In dem gravierenden Unterschied zwischen den Fähigkeiten der beiden Lebensformen liegt vielleicht der Ursprung eines unschönen menschlichen Charakterzuges:

Neid, eine Art Ur-Neid auf Vögel. Verständlich wäre es schon, denn seit Homo sapiens auf der Erde lebt, beherrschen die Vögel den Himmel.

Roger Bacon wollte das ändern. Der Franziskanermönch wurde um 1220 herum in England geboren und *Doctor mirabilis* genannt. In der Tat schien der Ordensbruder ein wundersamer Zeitgenosse zu sein. Kam er doch auf den abstrusen Gedanken, ein Mensch könne durch einen noch herzustellenden Apparat mit künstlichen Flügeln die Luft so in Bewegung versetzen, dass er selbst, den Vögeln gleich, fliegen würde. Soweit überliefert, blieb es beim Gedankenspiel.

Mehr als zweihundert Jahre später brachte auch Leonardo da Vinci seinen Traum vom Fliegen zu Papier. Das Universalgenie war ein exzellenter Beobachter. Er bezeichnete sich selbst als »Erforscher der geflügelten Wesen« und hatte eine grobe Vorstellung, weshalb Vögel nicht vom Himmel fielen. Um die Bedeutung des Luftwiderstandes wissend, experimentierte er mit verschiedenen Flügelmodellen.

Sein geplantes Fluginstrument taufte der Erfinder »Den großen Vogel«. Er wusste auch schon, von wo er starten wollte. Der Berg Monte Ceceri nordöstlich von Florenz sollte es sein. Doch Leonardo hob niemals ab. Der Vater der Bionik hatte offensichtlich einige technische Aspekte übersehen. In seinem ganzen weiteren Leben sah er auch nie eine andere Flugkonstruktion am Himmel kreisen.

Salomon Idler, Schuster aus Bad Cannstatt, war einer jener Teufelskerle, die es nicht bei bloßer Theorie belassen wollten. Er tüftelte an seinem Fluggerät, bestehend aus einem Eisengestell und daran angeleimten Flügeln aus bunten Federn. Eigentlich wollte er in 63 Meter Höhe vom Augsburger Perlachturm starten. Der Pfarrer redete ihm das waghalsige Vorhaben aus. Also stieg der Flugpionier im Sommer 1659 auf eine Scheune und sprang. Doch die Luft war nicht sein Element. Augenzeugen berichteten, dass ein Holzgestell zum Lüften von Betten seinen Aufprall abmilderte, er jedoch vier Hennen unter sich begrub. Der fliegende Schuster blieb unverletzt, aber das Federvieh konnte nur noch tot geborgen werden.

Alle menschlichen Versuche, sich aus eigener Muskelkraft in die Lüfte zu erheben, angeschnallt an eine abenteuerliche Flatter-Vorrichtung, waren eine Abfolge von tragikomischen Hopsern und Sprüngen von exponierten Orten wie Brücken, Mauern, Hügeln und Türmen. Sie alle endeten konsequent in unglücklichen Abstürzen als Folge menschlicher Hybris. Die Verletzungen, die sich die Maschinen-Menschen dabei zuzogen, waren vielfältiger und scheußlicher Art. Manch Draufgänger war bei der Landung auf der Stelle tot. Sie alle übersahen ein banales Detail: Vögel fliegen, weil sie es können!

Die gesamte Anatomie der Vögel ist eine Anpassung an das Fliegen: stromlinienförmiger Körper, ultraleichtes Skelett mit hohlen Knochen, großes Herz, hoch entwickelte Atmungsorgane, eine besonders stark ausgeprägte Brustmuskulatur und natürlich Tragflächen. Verantwortlich für die Flugfähigkeit ist das aerodynamische Profil der Vogelflügel. Ihre Oberseiten sind stärker nach oben gewölbt als die Unterseiten. Hier greift der Bernoulli-Effekt, im 18. Jahrhundert vom Schweizer Mathematiker und Physiker Daniel Bernoulli entdeckt: Die Luft an der Oberseite der Flügel strömt schneller als an ihren Unterseiten. Dadurch entstehen oben ein Unterdruck und unten ein Überdruck, wodurch die Tragflächen nach oben »gesaugt« werden. Der Vogel fliegt.

Die Federn machen den Flügel. Unter den Tausenden Federn eines Vogels gibt es lediglich ein paar Dutzend mit einer ausgeprägten asymmetrischen Form. Nur sie erlauben durch einen trickreichen Mechanismus den aktiven Flug. Beim Aufwärtsschlag des Flügels drehen sie sich so, dass die Luft zwischen ihnen hindurchströmen kann. Beim Flügelschlag nach unten kehren die Federn in ihre ursprüngliche Position zurück und bilden eine geschlossene, luftundurchlässige Fläche.

Fliegen ist eine energieaufwendige Fortbewegungsart, denn Schwerkraft und Luftwiderstand müssen überwunden werden. Ermöglicht wird dies durch ein komplexes Zusammenspiel von Armschwingen-Auftrieb und Handschwingen-Vortrieb. Dabei beschreibt der Flügelschlag eine von hinten-oben nach vorne-unten geformte Ellipse, wobei sich der Anstellwinkel der Flügel stetig ändert: Beim Aufschlag werden die Flügel nach oben gedreht, beim Abschlag nach unten. Jeder Vogel, der vom Erdboden oder der Wasseroberfläche abheben möchte, muss diese Flugtechnik beherrschen.

Dass bereits Dinosaurier das aktive Fliegen mit Federn lernten, ist unumstritten. Anders die Frage, wie sich der Flug über Millionen Jahre hinweg entwickelt haben könnte. Das quält Wissenschaftler bis heute. Geklärt ist nichts. Diskutiert werden unter anderem die Theorien »vom-Boden-hoch« oder »vom-Baum-herunter«. Haben A: die gefiederten bodenlebenden Dinosaurier mit ihren Vordergliedmaßen geflattert, bis sie irgendwann einmal abhoben? Oder konnten B: baumbewohnende Saurier bei ihren Sprüngen von Ast zu Ast den Gleitflug erfinden? Entweder–oder. Cursorialtheorie versus Arborealtheorie. Die Fronten sind, immer gut begründet, verhärtet. Weshalb, möchte man unakademisch einwenden, sollte die Evolution nicht beide Varianten ausprobiert haben? Zeit genug hatte sie. Wer an einem Baumstamm hinaufflattert, muss irgendwann auch einmal hinunter, ohne sich das Genick zu brechen. Fraglos haben die gefiederten Saurier das Problem auf ihre Art gelöst und das Perfektionieren der futuristischen Fortbewegungsart ihren Nachfahren überlassen.

Der erste Mensch, der das Prinzip der aerodynamischen Vogeltragflächen verstand, war Karl Wilhelm

Otto Lilienthal. Er wurde zum König der Gleiter, bis zu seinem schlechtesten Flug am 9. August 1896. Nach dem Absturz war er noch bei Bewusstsein. »Ist nicht so schlimm, kann mal vorkommen«, sagte er seinem herbeigeeilten Monteur. »Ich muss mich etwas ausruhen, dann machen wir weiter.« Der Meister der Flugkunst irrte sich.

Dort, wo Lilienthal aufhörte, machten die amerikanischen Wright-Brüder weiter. Sie experimentierten ebenfalls mit starren Tragflächen, hatten dann aber eine wahrhaft zündende Idee. Ein 12 PS starker Vierzylinder-Viertakt-Benzinmotor trieb am 17. Dezember 1903 die Flugmaschine voran, 59 Sekunden lang, 260 Meter weit. Die Luftfahrtgeschichte nahm ihren Lauf.

Doch die Sehnsucht, selbst aus eigener Kraft zu fliegen, sie bleibt bestehen. Der Traum vom Flug. Der Traumflug. Buchstäblich. Wer hat ihn nicht schon geträumt? Diese entzückende Freiheit der Bewegung im luftigen Raum ist in unserer Psyche verankert. Für Sigmund Freud war die Analyse eindeutig. Solche Träume waren zweifelsohne sexueller Natur. Bei allem Respekt, der Begründer der Psychoanalyse hatte von Vögeln keine Ahnung.

▲ KAISERADLER
Aquila heliaca
Steuerfeder

›› **SCHARLACHARA**
Ara macao
Steuerfecer

SPIX-ARA
Cyanopsitta spixii
Steuerfeder

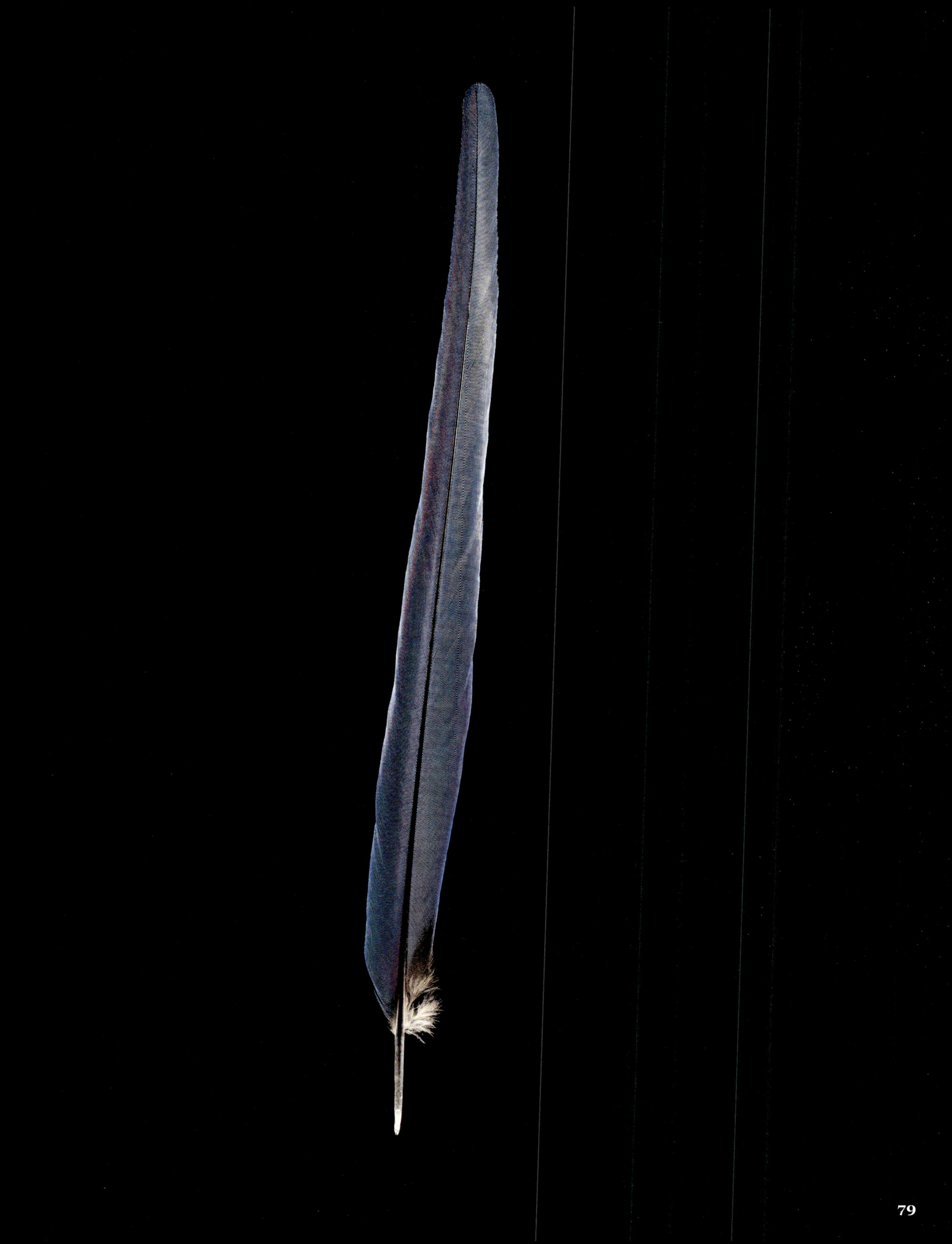

▲ WEISSKAPPENALBATROS
Thalassarche cauta
Handschwinge

▸ INKA-KAKADU
Cacatua leadbeateri
Handschwinge

‹‹ BLAUER OHRFASAN
Crossoptilon auritum
Steuerfeder

GABELRACKE
Coracias caudatus
Steuerfeder

Das einzig Gefährliche am Fliegen ist die Erde.

WILBUR WRIGHT
1867–1912

SPITZSCHWANZ-PARADIESWITWE
Vidua paradisaea
Steuerfeder

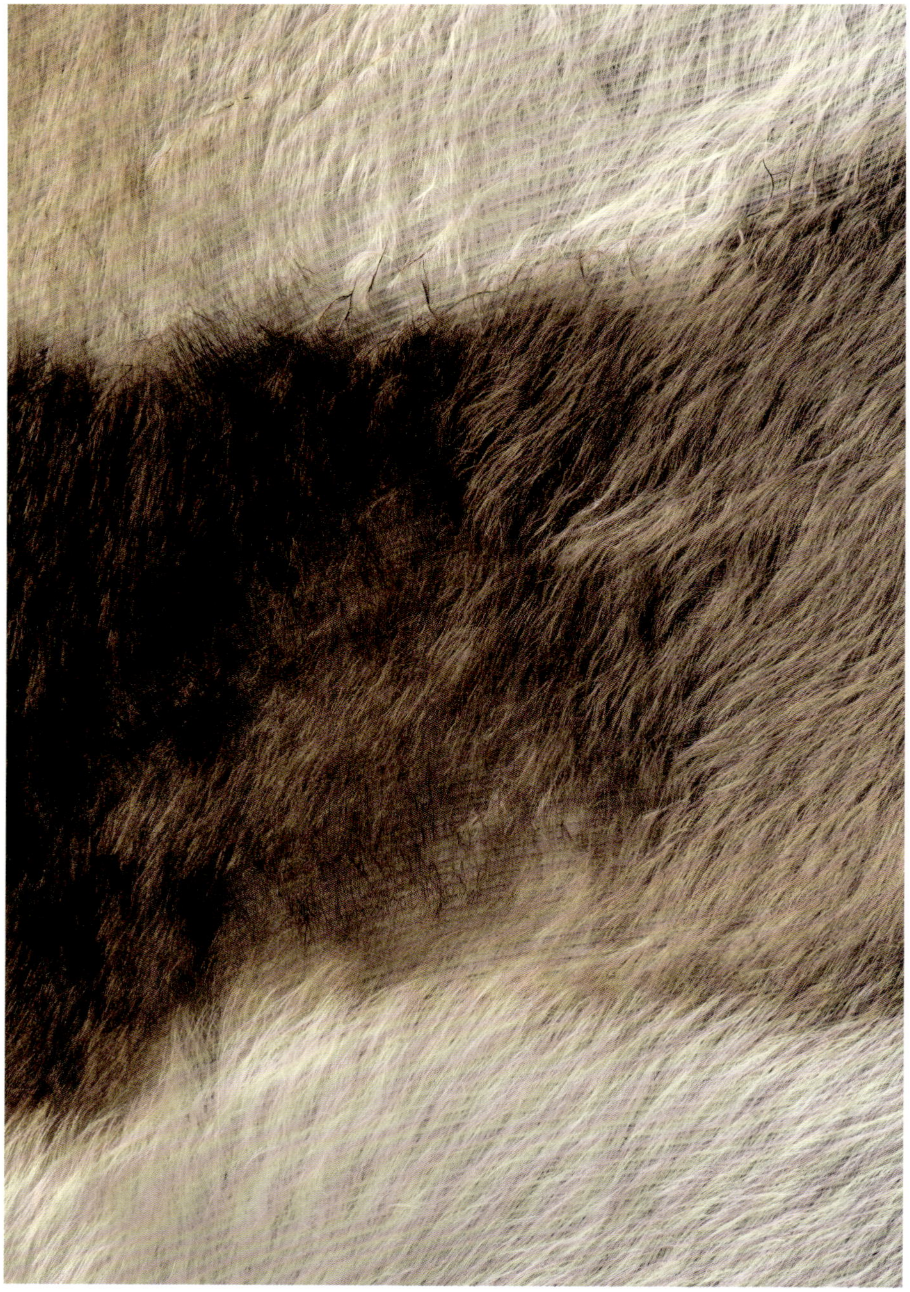

▲ **HABICHTSKAUZ**
Strix uralensis
Handschwinge

› **HABICHTSKAUZ**
Strix uralensis
Handschwinge

›› **KUBAFLAMINGO**
Phoenicopterus ruber
Schirmfeder

▲ EILSEESCHWALBE
Thalasseus bergii
Handschwinge

▸▸ BRANDGANS
Tadorna tadorna
Armschwinge

◂ TRAUERSCHWAN
Cygnus atratus
Handschwinge

VIRGINIA-UHU
Bubo virginianus
Steuerfeder

▲ MÄHNENGANS
Chenonetta jubata
Schirmfeder

Solange
ein Vogel
seine Federn hat,
fliegt er.

VOLTAIRE
1694–1778

◂ FLAGGENDRONGO
Dicrurus paradiseus
Steuerfeder

▲ ROSALÖFFLER
Platalea ajaja
Armschwinge

›› SONNENRALLE
Eurypyga helias
Handschwinge

‹ GEIERPERLHUHN
Acryllium vulturinum
Armschwinge

DIAMANTFASAN
Chrysolophus amherstiae
Steuerfeder

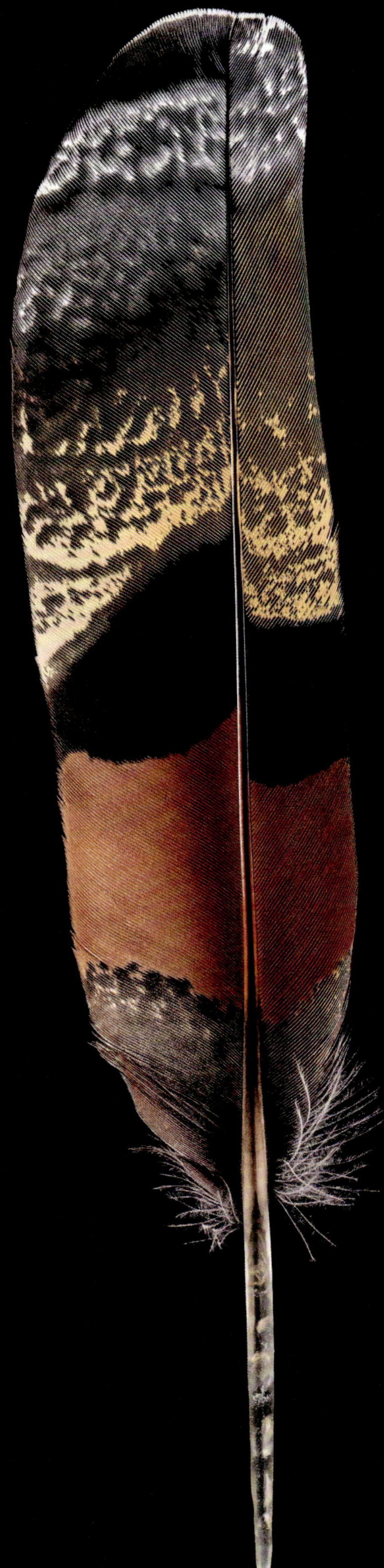

▲ GROSSTRAPPE
Otis tarda
Armschwinge

≪ LÖFFELENTE
Anas clypeata
Flügelfedern

› GABELRACKE
Coracias caudata
Handschwinge

SCHILLERGLANZSTAR
Lamprotornis iris
Steuerfeder

WEISSSCHWANZ-TROPIKVOGEL
Phaethon lepturus
Steuerfeder

ALEXANDERSITTICH
Psittacula eupatria
Schwanzfeder

DIE GANZE PALETTE

Von der Entstehung berauschender Farben und ihrer Bedeutung

Dieses Blau. Graublau, Türkis, Kobaltblau, Azurblau.

Blaue Papageien sind selten.

Er ist der seltenste: der Spix-Ara.

‹‹‹ BLAUER PFAU
Pavo cristatus
Rückenfeder

‹‹ SPIX-ARA
Cyanopsitta spixii
Steuerfeder

Entdeckt hatte ihn 1819 ein Bayer in Brasilien. Johann Baptist Spix war auf Forschungsreise im Busch. Mit seiner Büchse holte er ein junges Individuum aus einem Baum am Ufer des Rio São Francisco und fügte es seiner wachsenden Sammlung hinzu. Die Galeriewälder entlang des Flusses waren die Heimat dieser Spezies. Nur hier lebte sie.

Wieder in München, wurde der erfolgreiche Reisende geadelt und in den Ritterstand erhoben. Allerdings hatte er bei seiner Rückkehr aus der Wildnis auch eine tückische Tropenkrankheit mit im Gepäck. Als Ritter von Spix lebte er noch ein paar Jahre für die Wissenschaft, immer der Ansicht, er hätte einst im Dschungel einen Hyazinth-Ara gesammelt. Nach dem frühen Tod des Forschers fand sein Assistent bei der Untersuchung des Balges heraus, dass es sich dabei um eine bis dahin unbekannte Gattung handelte, die offenbar nur eine einzige Art umfasste. Er benannte sie nach ihrem Entdecker Cyanopsitta spixii.

Schon zu Spix‘ Zeiten war sein Papagei äußerst rar. Erst 84 Jahre nach der Entdeckung wurde ein weiteres Exemplar gefunden. Diese Spärlichkeit machte ihn zu einem Phantom und damit zum wertvollsten Papagei der Welt. Gegen Kolonialismus, kriminellen Tierhandel und nach Status lechzenden Vogelsammlern, verbunden mit obszön viel Geld und Gier, hatte die Mona Lisa unter den Papageien keine Chance. 1990 wurde noch ein einzelnes Exemplar gesichtet. Zehn Jahre später verlor sich die Spur des letzten freilebenden Spix-Aras im Nichts. Seither gilt er offiziell als ausgestorben. Dieses verfluchte Blau.

Blau ist die Lieblingsfarbe der modernen Menschen. Es gab jedoch Zeiten, da schien die heute so allgegenwärtige Farbe nicht zu existieren. Für Homer war das Meer »weindunkel«. In den Schriften des griechischen Dichters kam Blau nicht vor, weil kein Wort dafür existierte. In der Natur, bei Tieren und Pflanzen, wurde diese Kolorierung zwar nur geizig verwendet, aber sehen konnte er den Farbton schon, er nahm ihn nur nicht wahr. Selbst im Regenbogen fiel ihm Blau nicht auf. In der Antike hatte diese Farbe keinen Symbolgehalt, daher war sie bedeutungslos. Außerdem hatten Menschen über lange Zeit Schwierigkeiten, für ihre Zwecke ein geeignetes Blau künstlich herzustellen. Wo das gelang, bekam die Farbe ihren Namen und eine Kulturgeschichte.

Der Versuch, das zauberhafte Papageienblau aus einer Feder zu extrahieren, würde scheitern, denn absolut nichts wäre zu finden. Bei genauer Betrachtung wird erkennbar, dass die Farbe den Federästen entspringt. In deren Innerem befinden sich radförmig angeordnete Riesenzellen, in denen wiederum schwarze Melanin-Körnchen äußerst fein verteilt sind. Hier entsteht das Tyndall-Phänomen, benannt nach dem irischen Naturwissenschaftler John Tyndall (1820–1893), der diesen Effekt als Erster verstand: Das auftreffende Licht wird an den mikroskopisch kleinen Teilchen gestreut. Diese sind so winzig, dass sie nur das kurzwellige Licht reflektieren. Die Papageienfeder erscheint blau.

Vögel gehören zu den buntesten Lebewesen des Planeten. Ihre Farbvielfalt und Musterung mutet nahezu grenzenlos an. Umso erstaunlicher, dass letztlich nur zwei Komponenten für das ganze Spektakel verantwortlich sind: Pigmentfarben und Strukturfarben.

Die Mehrzahl der Vögel wird durch pigmentierte Federn farbig. Pigmente absorbieren bestimmte Wellenlängen des Lichts. Schluckt ein Pigment etwa die grünen und blauen Anteile aus dem Spektrum, werden nur die verbleibenden Wellenlängen zurückgeworfen. Diese Feder erscheint dem Betrachter dann in einem Rotton.

Zu den häufigsten Pigmenten zählen Melanine, mit denen wir Menschen bestens vertraut sind. Sie machen unser Haar dunkel, die Haut braun und haben Einfluss auf unsere Augenfarbe. Sie werden vom Vogelorganismus in spezialisierten Zellen, den Melanozyten, selbst synthetisiert. Melanine sind für die dunklen Töne verantwortlich: Eumelanin für die braunen bis schwarzen, Phäomelanin für braunrote bis rote. Die Verteilung der Melaninpartikel ist auch für die oft sehr präzise Musterung mancher Federn verantwortlich.

Ist die Melaninproduktion durch eine Genmutation gestört, kommt es zum Albinismus. Der Vogel erscheint weiß, seine Augen sind rötlich, weil die Iris jetzt transparent ist und die rote Netzhaut dahinter sichtbar wird.

Melanineinlagerungen dienen nicht nur der Färbung, sondern festigen auch die Struktur einer Feder. Dunkle Federn sind robuster und widerstandsfähiger gegen Abnutzung als weniger pigmentierte. Dass sich eine Amsel furchtlos in dichtes Gebüsch stürzen kann, ohne ihr Kleid zu ruinieren, verdankt sie dem Schwarz ihrer Federn. So wundert es nicht, dass die Spitzen der Flugfedern ansonsten heller Vögel, Möwen zum Beispiel, oft schwarz gefärbt sind, denn beim Flug werden die Flügelenden besonders beansprucht.

Weitere federfärbende Pigmente sind Carotinoide, wovon es über 600 Varianten gibt. Ihre Farbskala reicht von Gelb über Orange bis hin zu Rottönen und Purpur. Pflanzen sind in der Lage, diese Substanzen selbst zu synthetisieren, die Karotte kann das zum Beispiel, aber Tiere vermögen das nicht. Auch Vögel müssen Carotinoide mit der Nahrung aufnehmen.

Das Rosa der Kubaflamingos entstammt den einzelligen Algen der Gattung Dunaliella, die wiederum von Kleinkrebsen der Gattung Artemia gefressen werden. Mit ihren spezialisierten, nach unten geknickten Filterschnäbeln seihen die Flamingos ihre Hauptnahrung aus den karibischen Lagunen und Salzseen heraus. Die mit dem Futter aufgenommenen Carotinoide werden in der Leber modifiziert und dann in die wachsenden Federn eingelagert. Die Färbung der Flamingos bleibt allerdings nur so lange hübsch rosa, wie ihr Menü eine ausreichende Portion Carotinoide enthält. Ansonsten werden sie mit jeder Mauser blasser, bis sich ihr Gefieder in ein tristes Grau verwandelt.

Besonders aufregend gefärbt sind Vögel in den Tropen, vor allem die Papageien. Ein Grund für die Buntheit könnte auch sein, dass Pigmente in den Federn nicht nur für ein optisches Feuerwerk sorgen, sondern das Gefieder auch vor Bakterienbefall schützen. Im feuchtwarmen Klima des Regenwaldes gedeihen federfressende Bazillen besonders gut.

Farbige Federn sind generell resistenter gegen Bakterien als weiße. Der größte Schutzeffekt tritt jedoch bei der Farbe Rot auf. Während andere Vögel ihre rote, orange oder gelbe Färbung nur mit aus der Nahrung aufgenommenen Carotinoiden zustande bringen, können Papageien, als einzige Vögel, ihr leuchtendes Rot durch Psittacofulvine selbst herstellen. Je höher die Konzentration dieser Pigmente, desto intensiver der Rotton, desto höher die Widerstandskraft gegen Bakterienangriffe. Im Dschungel hält bunt gesund.

Pigmentfarben erscheinen immer gleich, egal, aus welchem Winkel sie betrachtet werden. Sobald es auf einer Feder jedoch leuchtend schimmert und schillert und die Farben lebendig changieren, dann sind Strukturfarben im Spiel. Das ist bei den Schwanzfedern des männlichen Pfaus der Fall, die eigentlich Oberschwanzdeckfedern sind. Durch ihre Farbigkeit und Zeichnung sind sie einzigartig und tatsächlich unverwechselbar.

Am oberen Ende der Feder befindet sich im Zentrum eine tiefblaue Fläche, die einem Auge ähnelt, umgeben von Bereichen in leuchtendem Kobalt-Blau und Bronze-Braun sowie schmaleren Ringen in goldgrüner und bronze-violetter Färbung. Die anschließenden schlanken Federäste, die nicht miteinander verhakt sind, schimmern in einem metallischen Grün, in Bronze-Lila und Purpurrot.

Die Farbigkeit der Pfauenfeder hat ihren Ursprung in den feinen Federstrahlen, die von den schwarzen Federästen abzweigen. In den flachgeformten Strahlen sitzen winzige napfförmige Vertiefungen. Auf deren Böden wiederum befinden sich regelmäßige Reihen von dicht gedrängten Mikrolamellen.

Hier, im Nanobereich, beginnt der Tanz mit dem Licht. Es entstehen optische Interferenzen, Phasenverschiebungen der reflektierten Lichtwellen, eine Spektralfarbe wird ausgelöscht, ihre Komplementärfarbe dagegen

›› GRÜNFLÜGELARA-GELBBRUSTARA-HYBRID
Ara chloroptera, Ara ararauna
Gefieder, Rückenansicht

verstärkt. In den Strukturen ist außerdem Melanin eingelagert, das nicht reflektierte Wellenlängen absorbiert. Je nach der Richtung des Lichteinfalls und dem Wechsel des Betrachtungswinkels ändert sich der irisierende spektrale Glanz der Schmuckfeder.

Wenn der Pfauenhahn sein Rad schlägt und die Federn raschelnd erzittern lässt, treten die schillernden Augäpfel hervor. Vor dem vibrierenden Hintergrund scheinen sie bewegungslos-schwebend zu starren. Der beeindruckende Effekt erschreckt zartbesaitete Feinde zu Tode, während die Hennen begeistert sind.

Goethe schrieb: »Die Menschen empfinden im Allgemeinen eine große Freude an der Farbe. Das Auge bedarf ihrer, wie es des Lichtes bedarf.« Wie muss es dann erst den Vögeln ergehen? Denn die sehen unsere farbige Umwelt viel intensiver.

Während wir Menschen mit drei Farbrezeptoren in der Netzhaut, den Zapfen, auskommen müssen, für Rot, Grün und Blau, haben Vögel einen mehr davon, der für Violett zuständig ist und bis in den ultravioletten Bereich hineinreicht. In dieser Region sind wir Menschen blind. Außerdem ist in jedem ihrer Zapfen ein farbiges Öltröpfchen eingelagert, das wie ein Filter funktioniert und bestimmte Wellenlängenbereiche des Lichtes herausfiltert. Durch diese »Farblupe« können Vögel mehr Farben präzise unterscheiden.

Die sensorischen Extras haben dramatische Auswirkungen auf das Sehen. Die Farbwelt der Vögel ist intensiver, breiter und differenzierter. Sie sehen für uns unbekannte Mischfarben. Wahrscheinlich erfassen sie Farbdimensionen, die wir uns nicht einmal vorstellen können.

Die Vögel treiben es unverkennbar bunt, dort draußen. Da sie Farben außerordentlich wahrnehmen, können wir davon ausgehen, dass diese in ihrem Leben eine bedeutende Rolle spielen. Die Funktion zur visuellen Kommunikation mit Artgenossen ist offensichtlich, insbesondere im Zusammenhang mit der Partnerwahl. Dabei geht es unmissverständlich um schillernden Sex. So weit können wir das nachvollziehen. Wie allerdings ein Vogelweibchen die farbige Balzvorführung eines in ihren Augen unwiderstehlichen Männchens auffasst, das können wir nicht verstehen. Denn Farbe ist schließlich keine Eigenschaft des Lichtes oder eines Objektes, sondern sie ist eine individuelle Empfindung, also das Resultat eines Verarbeitungsprozesses im Gehirn.

Wie ist es also, wie ein Vogel zu sehen? Über die Bedeutung von Farben für Vögel zu sinnieren, scheint für uns visuell unterentwickelte Primaten dann doch etwas vermessen zu sein. Farbe ist die Sprache für das Unbeschreibliche.

*Bisweilen
stelle ich mir Farben
als lebende Gedanken vor,
Wesen reiner Vernunft,
mit denen ich mich
auseinandersetzen
kann.*

PAUL CÉZANNE
1839–1906

› **KUBAFLAMINGO**
Phoenicopterus ruber
Schirmfeder

▲ **BLAUER PFAU**
Pavo cristatus
Oberschwanzdeckfeder

◂ **AMERIKANISCHER SCHLANGENHALSVOGEL**
Anhinga anhinga
Steuerfeder

▸▸ **HIMALAYA-GLANZFASAN**
Lophophorus impejanus
Gefiederausschnitt

▲ MÄHNENGANS
Chenonetta jubata
Schirmfeder

› ROSALÖFFLER
Platalea ajaja
Armschwinge

›› TURKMENEN-UHU
Bubo bubo osmissus
Gefiederausschnitt

▲ SCHARLACHARA
Ara macao
Steuerfeder

◀ SPIX-ARA
Cyanopsitta spixii
Steuerfeder

▶▶ DREIZEHENMÖWE
Rissa tridactyla
Handschwinge

▲ **KONGOPFAU**
Afropavo congensis
Deckfeder

◂ **SULAWESIPITTA**
Pitta erythrogaster celebensis
Brust-Bauch-Gefieder

▲ **SCHARLACHARA**
Ara macao
Schulterfeder

› **SONNENRALLE**
Eurypyga helias
Steuerfeder

›› **KUPFERSPIEGELENTE**
Speculanas specularis
Flügelgefieder

Die Natur trägt immer die Farbe des Geistes.

RALPH WALDO EMERSON
1803–1882

◂ **PHARAONENIBIS**
Threskionis aethiopicus
Handschwinge

▲ **HELMKASUAR**
Casuarius casuarius
Körpergefieder

► **KUBAFLAMINGO**
Phoenicopterus ruber
Flügelgefieder

‹‹ **SILBERFASAN**
Lophura nycthemera
Flügeldeckfeder

DIAMANTFASAN
Chrysolophus amherstiae
Kragenfeder

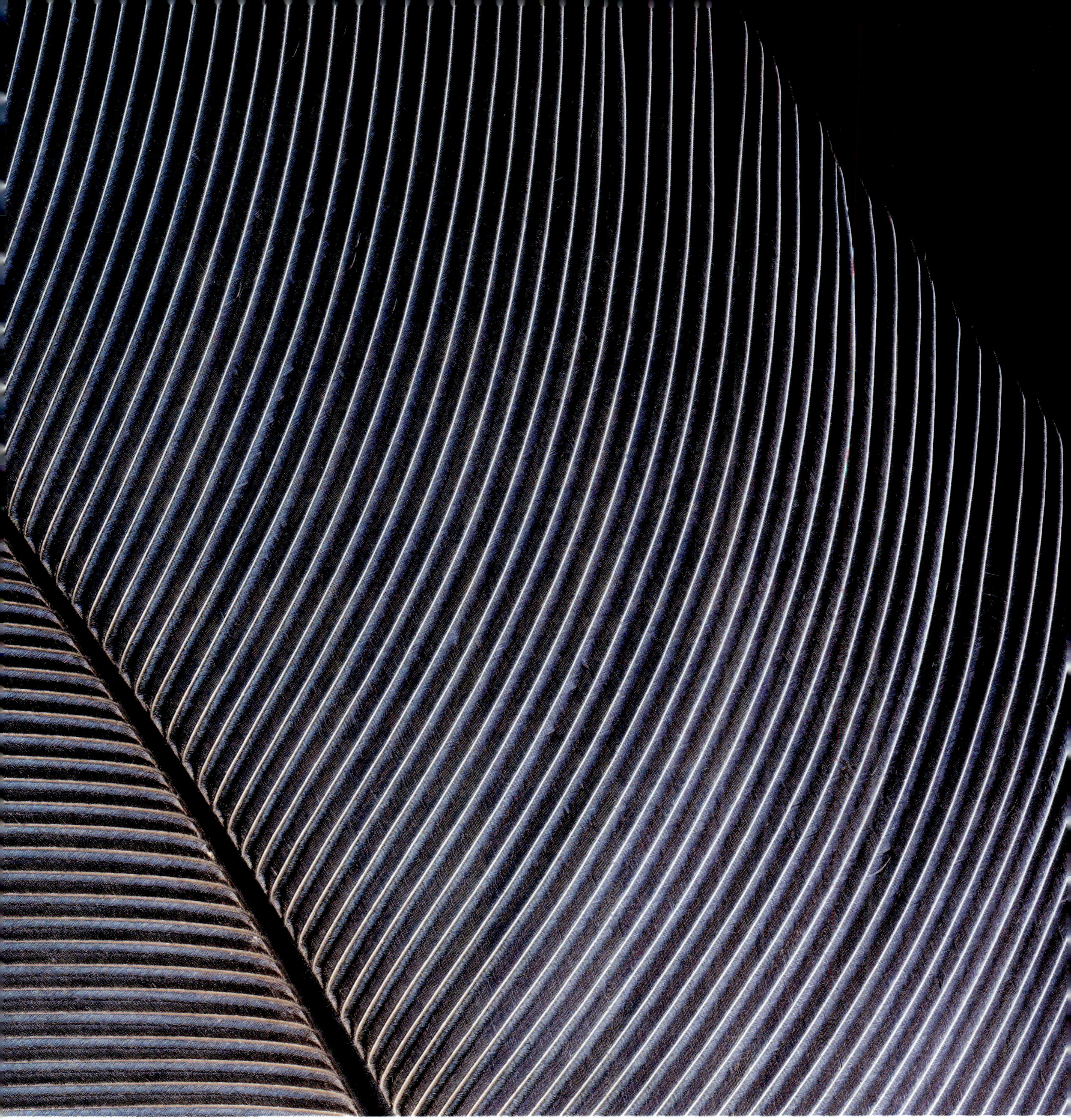

▲ BLAU-SEIDENKUCKUCK
Coua caerulea
Armschwinge

▲ AMETHYSTGLANZSTAR
Cinnyricinclus leucogaster
Steuerfeder

◂ SCHILLERGLANZSTAR
Lamprotornis iris
Steuerfeder

Ich habe
nichts dagegen,
wenn man die Farbe sogar
zu fühlen glaubt;
ihr eigenes Eigenschaftliche
würde nur dadurch
noch mehr betätigt.
Auch zu schmecken
ist sie.

JOHANN WOLFGANG VON GOETHE
1749–1832

› **ARGUSFASAN**
Argusianus argus
Handdeckfeder

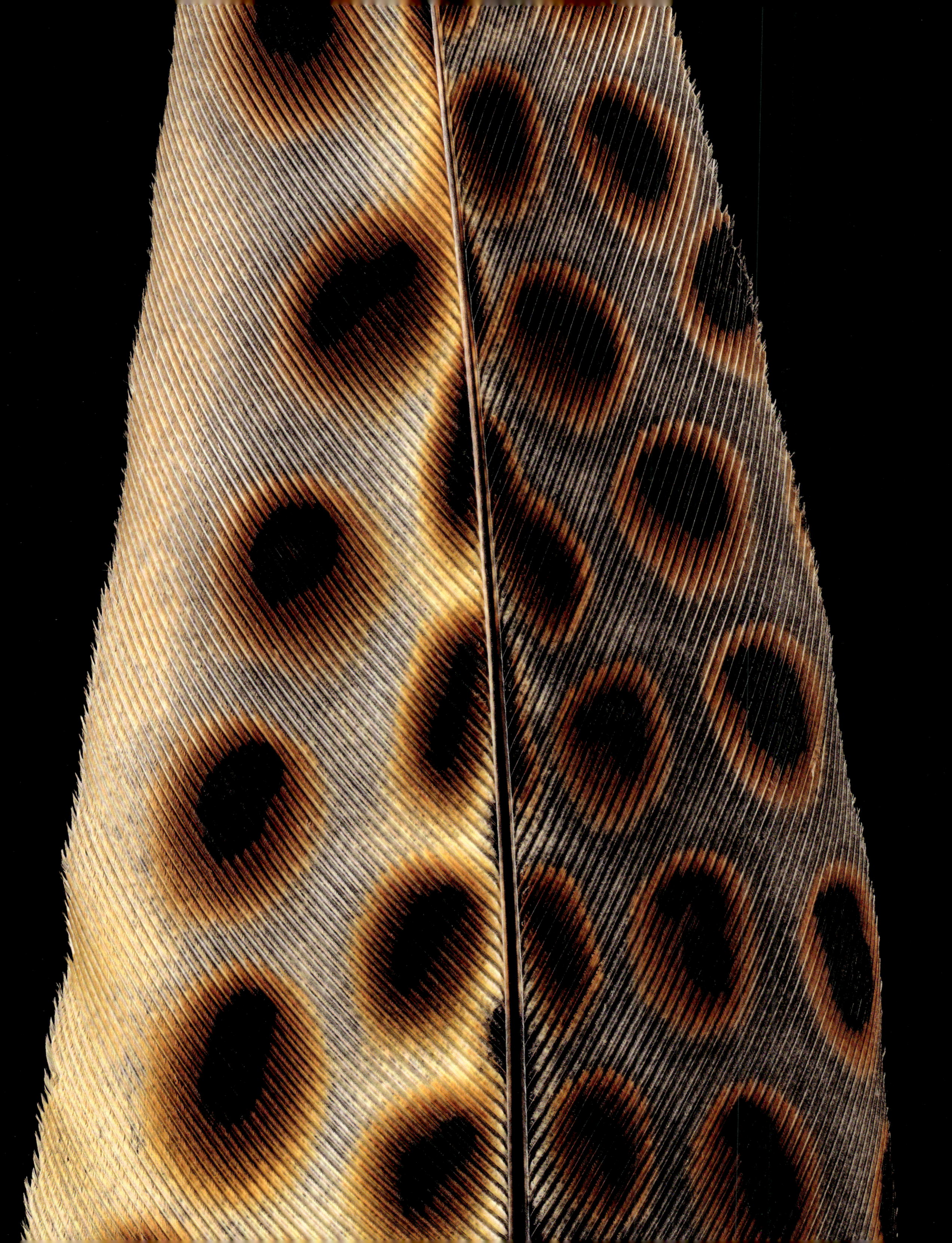

▲ AFRIKANISCHER STRAUSS
Struthio camelus
Handschwinge

FEMININE VORLIEBEN UND RÄTSELHAFTE DEKADENZ

Von blutigen Modeerscheinungen und der Suche nach dem Sinn des Schönen

Über Jahrmillionen waren Vögel schön.
Aber nur füreinander. Dann erhob eine andere Spezies Ansprüche.
Menschen begnügen sich nicht mit dem Betrachten,
sie möchten Schönheit besitzen.

‹‹‹ KÖNIGS-PARADIESVOGEL
Cicinnurus regius
Schwanzfedern

‹‹ BLAUPARADIESVOGEL
Paradisaea rudolphi
Schwanzgefieder

Sicher, indigene Völker gingen nicht gerade zimperlich mit den Himmelswesen um, die sie verehrten und deren Federn sie sich für ihr kulturelles Selbstverständnis aneigneten. Hier soll jedoch die Rede von einer aus der Art geschlagenen Variante des Menschen sein, die sich selbst zivilisiert nannte.

Auslöser für das über die Vögel hereinbrechende Unglück der Federmanie war möglicherweise der Kopf von Marie-Antoinette. Die französische Königin lebte wie eine Glamour-Queen. Als Stilikone bestimmte sie die Trends der Hautevolee ihrer Zeit. Die Frisuren erklommen beängstigende Höhen. Wippende Straußenfedern zierten die kunstvoll aufgetürmte Haarpracht ihrer Majestät.

Für die hungernde Bevölkerung war die verschwendungssüchtige Königin die personifizierte Dekadenz. Selbst ihrer Mutter, Maria Theresia, war der pompöse Kopfputz suspekt. Aber ihre Tochter wollte partout nicht hören. Auf dem heutigen Place de la Concorde in Paris verlor sie im Laufe der Französischen Revolution am 16. Oktober 1793 ihr ehemals befiedertes Haupt. Das Volk jubelte.

Auch die britische Monarchin Victoria war gewiss kein Kind von Traurigkeit. Dennoch war das nach ihr benannte Zeitalter durch eine moralische Strenge im Leben der Bevölkerung gekennzeichnet, ganz besonders, was Sexualität und die Geschlechterrollen betraf. Die damalige Ehefrau war ein reines Wesen, ihrem angetrauten Manne untertan. Der Gatte seinerseits lebte in einer Sphäre der männlichen Dominanz. Prostitution boomte. Die viktorianische Epoche war geprägt durch Prüderie und Doppelmoral. Und groteske Hüte.

Maßgebliche Teile der gehobenen weiblichen Gesellschaft waren offensichtlich in Balzstimmung. Hierzu war es unumgänglich, die prächtigen Vogelmänner zu plündern: ihre Federn, Flügel, Körper, Köpfe. Die Beute landete als Lustobjekt auf dem Schopf der Frauen mit einer noblen Blässe. Es schien, als würden nur alte Frauen und trauernde Witwen keine Federn tragen. Das, was auf den Titelseiten der führenden Modezeitschriften prangte, waren keine satirischen Abbildungen, sondern Paradebeispiele gehobenen Stils: Keine Dame trat baren Hauptes vor die Tür, und nichts kleidete sie vorteilhafter als ein toter Vogel, oder zumindest Einzelteile von ihm.

Paradiesvögel aus dem fernen Neuguinea waren jetzt in den Straßen New Yorks, auf den Boulevards von Paris, London und Berlin unterwegs. Einzelne Federn, Federgestecke, Bälge, sogar komplette ausgestopfte Exponate in seltsamsten Posen zierten die ausladenden Hutkreationen. En vogue waren auch Ensembles verschiedener Arten, australische Papageien, Fasane aus Indien, Ibisse aus Südamerika, allerlei Möwen von den Küsten, Stare aus dem alten Europa.

Federn ermöglichten, gesellschaftlichen Status zu demonstrieren. Je exotischer und seltener die Exemplare, desto begehrter und teurer und damit prestigeträchtiger waren sie für ihre Trägerin. Es grassierte das Federnfieber.

Federdiebe durchstreiften die Wildnisse des Planeten. Sie erbeuteten, was sie finden konnten. In den Frühjahrs- und Sommermonaten wurden die Märkte mit exotischem Material beliefert, in der Modebranche »Schmuckfedern« genannt. Die gewaltige Nachfrage überstieg jedoch bald das Angebot.

Straußenfedern hatten immer Saison. In Südafrika machten Federmogule mit Straußenfarmen das Vermögen ihres Lebens. In den USA und Europa schossen Zuchtfarmen aus dem Boden, dort, wo es klimatisch möglich war. Zwei Mal im Jahr konnte geerntet werden. Auf den nackt gerupften Vögeln würde der begehrte Rohstoff von selbst nachwachsen.

Der passionierte Vogelliebhaber Frank M. Chapman begab sich 1886 auf eine Vogelzählung: in den Straßen von Manhattan. Bei zwei Spaziergängen protokollierte er 40 einheimische Vogelarten, sorgfältig drapiert auf drei Viertel von 700 Hüten flanierender Damen. Besonders beliebt, und damit ganz oben auf den Abschusslisten, standen die Silber- und Schmuckreiher mit ihrem schneeweißen Kleid. Speziell die filigranen »Hochzeitsfedern« waren begehrt. Sie bilden sich nur während der Paarungszeit, und zwar bei beiden Geschlechtern. Das bedeutete doppelten Profit. Schon von Weitem leuchteten die Ziele in den übervollen Nistkolonien. Die Jäger mussten nur abdrücken.

Gleich vor Ort rupften sie die erlegten Vögel. Unzählige Kadaver verrotteten unter der glühenden Sonne Floridas. Unbeschützte Eier wurden leichte Beute von tierischen Räubern. Bereits geschlüpfte Jungtiere verhungerten. Die Szenerie glich einem Schlachtfeld.

Hutmacherei war ein mörderisches Geschäft, in ganz großem Stil. Es müssen Hunderte Millionen Vögel gewesen sein, die weltweit getötet wurden. Der Federhandel glich einem Albtraum für Ornithologen. Zunächst empörten sich meist Männer über die gewaltige Metzelei, aber das änderte sich bald. Es entstand eine Anti-Federn-Bewegung. Der Kampf gegen den Modetrend war die Initialzündung für das Wachsen der ersten Umweltschutzorganisationen. In Amerika gründete sich 1897 die später weltberühmte Audubon Society »zum Schutz und Studium der Vögel«. Frank Chapman hielt die Eröffnungsrede mit dem Titel »Die Frau als Vogelfeind«. Das war bemerkenswert, denn die meisten aktiven Mitglieder der frühen Gesellschaft waren Frauen. Sie sollten die treibende Kraft hinter dem entstehenden Tier-, Natur- und Umweltschutz werden.

Die Reiherpopulation stand vor dem Kollaps. Nur noch in den schweren zugänglichen Gebieten der Everglades existierten einige Brutkolonien. 1902 wurde Guy Bradley, selbst ein ehemaliger Federnjäger, der erste Wildhüter der Audubon Society. Er bewachte die Letzten ihrer Art, dafür musste er sterben. Ein Vogelwilderer erschoss den Ranger. Der Schütze wurde angeklagt. Und freigesprochen. Die Vogelschutzbewegung hatte ihren ersten Märtyrer.

Im beginnenden 20. Jahrhundert erreichte der Federboom seinen Höhepunkt. Während in Paris und New York die Federn modisch verarbeitet wurden, war London das Zentrum des weltweiten Federhandels. Federn waren ein Rohstoff. In dieser Zeit zählten sie zu den profitabelsten Produkten auf dem Weltmarkt und wurden nach Gewicht bezahlt. Eine Unze bester Reiherfedern war deutlich teurer als eine Unze Gold. Und so bestand die wertvollste Fracht im Bauch der Titanic aus edelsten Federn, verpackt in über 40 Kisten, bestimmt für die Hutmacher New Yorks, als der weltgrößte Dampfer 1912 nach der Begegnung mit einem Eisberg vor Neufundland versank. Das Schicksal des Luxusliners sollte bald die gesamte Branche ereilen.

Veränderung lag schon länger in der Luft. Die Zeit für eine alternative Sicht auf Weiblichkeit war reif. Das Thema war moralisch aufgeladen, die Empörung groß. Was ehemals Sex-Appeal verströmte, entpuppte sich nun als Ausdruck sittenwidriger Barbarei. Dieser Meinung waren jetzt explizit auch die Modemagazine. Die Frauen hatten entschieden. Der ausbrechende Erste Weltkrieg erledigte den Rest. Vogelteile auf dem Kopf waren untragbar geworden.

Rückblende. Die tropische Wildnis forderte ihren Tribut. Alfred Russel Wallace hatte Fieber. Malaria. Wieder einmal.

Der Naturforscher verbrachte Jahre auf Expeditionen in den Dschungeln des Malaiischen Archipels. Er sammelte, präparierte, katalogisierte und bestimmte Tausende Exemplare Säugetiere, Reptilien, Muscheln und Insekten. Sein Herz aber gehörte den Vögeln. Den Paradiesvögeln war er regelrecht verfallen. Die wenigen nach Europa gelangten Bälge männlicher Paradiesvögel sahen so seltsam, regelrecht fantastisch aus, dass Ornithologen sie lange Zeit für besonders geschickte Fälschungen hielten. Russel war der erste Wissenschaftler, der die Balzrituale der eindrucksvoll befiederten Wesen beobachtete und beschrieb. Als er Anfang 1858 krank in einer Hütte lag, überkam ihn jäh eine Erkenntnis, einer Offenbarung gleich. Die Theorie der natürlichen Selektion lag ihm klar vor seinen fiebrigen Augen: Nur die am besten an ihre Umwelt angepassten Individuen würden überleben und ihre Eigenschaften an die Nachkommen weitergeben. Dies war nicht weniger als ein Naturgesetz. In den folgenden Nächten schrieb er seine Gedanken dazu nieder und sandte sie an den Forscher, den er am meisten verehrte: Charles Robert Darwin.

Welch ein Schock muss es für diesen gewesen sein, die Zeilen des 13 Jahre jüngeren Kollegen zu lesen, der tatsächlich die gleichen Schlussfolgerungen aus der beobachteten Natur gezogen hatte wie er selbst. Obendrein war der Mann ein Autodidakt.

Darwins Charakter war eher zaudernder Natur. Er grübelte viel. Und lange. Zwei Jahrzehnte brütete er im Geheimen über seiner Hypothese. Sie zu veröffentlichen hatte er sich nicht getraut. Nach Wallace' Brief geriet er in Zugzwang. Der Verdacht des Plagiats lag in der Luft. Am 24. November 1859 erschien sein Hauptwerk »Über die Entstehung der Arten«. Die streng naturwissenschaftliche Erklärung der Evolution durch natürliche Selektion kam einer Revolution gleich. So hatte noch niemand über die Entwicklung der Lebewesen geschrieben. Das Buch war am ersten Tag vergriffen.

Beide Männer bildeten das Epizentrum eines neuen Denkens, aber als Wallace schließlich 1862 aus Südostasien ins heimatliche England zurückkehrte, war nur sein Kollege weltberühmt.

Darwin trug mit Anfang 50 einen buschigen Backenbart zur Halbglatze. Seine Theorien waren inzwischen als *Darwinismus* nicht nur in der Wissenschaft populär. Trotz seines Erfolgs haderte er mit sich und seinen Erkenntnissen. Ihn quälte ein Problem. Am 3. April 1860 teilte er dem Botaniker Asa Gray seinen Kummer mit: »Beim Anblick einer Feder im Schwanz eines Pfaus wird mir übel, wann immer ich sie ansehe.« Er konnte sich nicht sattsehen an ihrer Anmut und verzweifelte gleichzeitig daran. Ihre Schönheit war es, die ihn umtrieb.

Alle, die sich mit der Natur beschäftigten, kannten das Phänomen. Männliche Vögel werben um weibliche, nur selten ist es umgekehrt. Es sind die Vogelmänner, die sich farbgewaltig schmücken, ihren Gesang schmettern und sich in Ekstase gleich bei der Balz grotesk gebärden, als hinge das Leben davon ab. Die unscheinbaren Frauen dagegen zieren sich meist, wirken scheinbar unbeteiligt, begutachten aber ausführlich.

Aus Darwins evolutionsbiologischer Sicht ließen sich die sogenannten sexuellen Ornamente wie Gesang, prächtiges Gefieder und die seltsamen Verhaltensweisen während der Paarungszeit nicht durch natürliche Auslese erklären. Sein Theoriengebäude schwankte. Würde er an schönen Federn scheitern?

Anpassungen sollten immer förderlich sein. Der Schwanz des Pfauenhahns war es offensichtlich nicht. Diese monströse Schleppe machte ihn auffällig für Fressfeinde, unbeholfen beim Fliegen und langsam auf der Flucht. Solche Extravaganzen waren ohne erkennbaren Nutzen, sogar hinderlich. Sie besaßen keinerlei Überlebenswert. Waren sie also sinnlos?

Darwin grübelte. Der Bart wuchs zu stattlicher Länge, ein Jahrzehnt verging. Seine Gedanken kreisten immer wieder um den Argusfasan. Dieser hatte noch unfassbarere Federn mit hypnotischeren Augenflecken und komplexeren Mustern als der Pfau.

Darwin kam zu dem Schluss, dass diese »raffinierteste Schönheit nur als Reizmittel für das Weibchen dienen kann und zu keinem anderen Zwecke«. Eine Quintessenz, die Folgen hatte.

Im Jahr 1871 erschien Darwins zweites epochales Werk »Die Abstammung des Menschen und die geschlechtliche Zuchtwahl«. Hier beschrieb er, dass neben der natürlichen Selektion, also der Angepasstheit an die Umwelt, eine weitere – davon unabhängige – evolutionäre Kraft wirken müsse. Er nannte sie die sexuelle Selektion.

Einer seiner fundamentalen Gedanken war, dass all diese männliche Federpracht entstand, weil die Weibchen wählen. Und zwar nach ihren eigenen, individuellen Schönheitsidealen. Entweder sie mochten den bunten Kerl oder eben nicht – und paarten sich dann mit einem für sie attraktiveren Partner.

Männchen mit den vererbbaren Merkmalen, die den ästhetischen Vorlieben der Weibchen entsprechen, erzielen letztlich mehr Nachkommen als ihre Konkurrenten. Es entsteht eine sich aufschaukelnde Koevolution aus dem, was die Männchen zu bieten haben, und dem jeweiligen weiblichen Geschmack. Über viele Generationen hinweg wählten die Hennen immer ihren *sexiest Hahn alive*. Durch diesen Prozess entwickelte sich über lange Zeiträume, vielleicht aus einer kleinen lokalen Abnormität heraus, etwa einem schillernden Fleckchen auf einer Deckfeder an der Schwanzbasis, die Show des Rad schlagenden männlichen Pfaus. Es ist offensichtlich: *Sex sells*. Darwin erklärt mit seiner sexuellen Selektion, wie die unergründliche Vielfalt der Ornamente in die Welt gekommen ist. Sie schmücken die über zehntausend Vogelspezies, die auf der Erde leben, und zwar jede nach ihrer eigenen Art.

Der Wissenschaftler war zwar vermögend und privilegiert, berühmt obendrein, aber er lebte auch inmitten dieser einengenden patriarchal-viktorianischen Kultur. Eine latente Geringschätzung von Frauen war in der Gesellschaft allgegenwärtig. Seine provozierenden Ideen in diesem Umfeld zu publizieren, bedeuteten einen äußerst mutigen Schritt, der zwangsläufig unangenehme Konsequenzen nach sich zog.

So war es dem Zeitgeist geschuldet, dass insbesondere seine Vorstellungen von der Rolle der Weibchen keine Überlebenschance hatten. Solche Ansichten befanden sich außerhalb des damaligen Denkhorizontes. Die Herren Gelehrten ignorierten geflissentlich Darwins neue Hypothesen oder reagierten mit Hohn, Spott und Bösartigkeit. Einer der heftigsten Gegner war der katholische Naturphilosoph St. George Mivart. Wegen der »Unbeständigkeit der lasterhaften weiblichen Capricen«, könne dieses Geschlecht unmöglich eine wirksame Kraft im Evolutionsgeschehen darstellen.

Die Behauptungen Darwins waren verstörend, geradezu absurd. Vielleicht sogar beängstigend. Seine Ideen beinhalteten explizit auch sinnliches Vergnügen, Erotik, Begehren, Sex und den Genuss daran. Ob Vögel oder

» **GRAUER PFAUFASAN**
Polyplectron bicalcaratum
Schwanzgefieder

»» **PHARAONENIBIS**
Threskiornis aethiopicus
Innere Armschwinge

BLAUER OHRFASAN
Crossoptilon auritum
Steuerfeder

Frauen, die Annahme, das weibliche Geschlecht könne die freie Wahl haben, über Sex zu entscheiden, um damit auch noch die Evolution zu beflügeln, galt als völlig inakzeptabel.

Darwins These von der natürlichen Selektion hingegen war allgemein akzeptiert. Mehr noch, sie hatte sich in der Wissenschaft zu einem Dogma entwickelt. Die Heftigkeit der Attacken gegen ihn rührten wohl auch daher, dass er ein vermeintliches Sakrileg beging. Seine neuen Gedanken waren ein unverzeihlicher Abfall vom Glauben an die alles erklärende Theorie. In den Augen der Kritiker beging der Evolutionsbiologe selbst Verrat am »wahren« Darwinismus.

Zu seinem schonungslosesten Gegenspieler wurde ausgerechnet Alfred Russel Wallace, der Mitentdecker der natürlichen Selektionstheorie. Selbst nach Darwins Tod bekämpfte er dessen Ideen mit aller Kraft – bis zu seinem eigenen Ableben. Er formte den Darwinismus nach seinem Bild: Die sexuelle Selektion war nichts anderes als eine Variante der natürlichen Selektion. Die spektakulären Federn, mit denen Vogelmänner um Vogelfrauen werben, seien »ehrliche Merkmale«, die strotzende Gesundheit und exzellente Gene signalisieren: Dieser Hahn kommt aus einem guten Nest! Nach fast 150 Jahren ist Wallaces Interpretation des Darwinismus heute gängige Lehrmeinung. Wallace leistete ganze Arbeit. Von Darwins Evolution des Schönen ist nicht mehr die Rede.

Darwin verwendete in seinen Schriften Begriffe wie »Geschmack«, »Schönheit« und »begehren«, gar »lieben«. Solche subjektiven Empfindungen gehörten sicherlich nicht zum Vokabular und Selbstverständnis »seriöser« Naturwissenschaftler. Dies gilt wahrscheinlich noch heute. Seine gewählte Sprache war jedoch keine alberne Marotte eines alternden Gelehrten, sondern bewusster Ausdruck seines wissenschaftlichen Denkens über die beobachtbare natürliche Welt. Darwins Eingebung war revolutionär, weil er die Evolution auch aus einer rein ästhetischen Perspektive betrachtete. Er ahnte, wie die Schönheit in die Welt kam und fand einen Weg, die Fülle der Pracht in der Natur zu erklären. Die ästhetischsten unter allen Geschöpfen dieser Erde waren für ihn die Vögel, von den Menschen einmal abgesehen. In seinen Augen hatten sie allerdings nahezu denselben Geschmack wie wir.

Charles Robert Darwin hatte erkannt, dass die Evolution keine ausschließlich auf Effizienz ausgerichtete Maschinerie ist, welche die am besten angepassten Lebewesen auswählt und die anderen ausmerzt. Evolution geschieht offensichtlich anders. Sie spielt mit den Möglichkeiten, sie ist launenhaft und irrlichtert in ihren Prozessen. Ausprobieren kann sie alles, denn das ist ihr Wesen. Federn sind ihr poetisches Meisterstück.

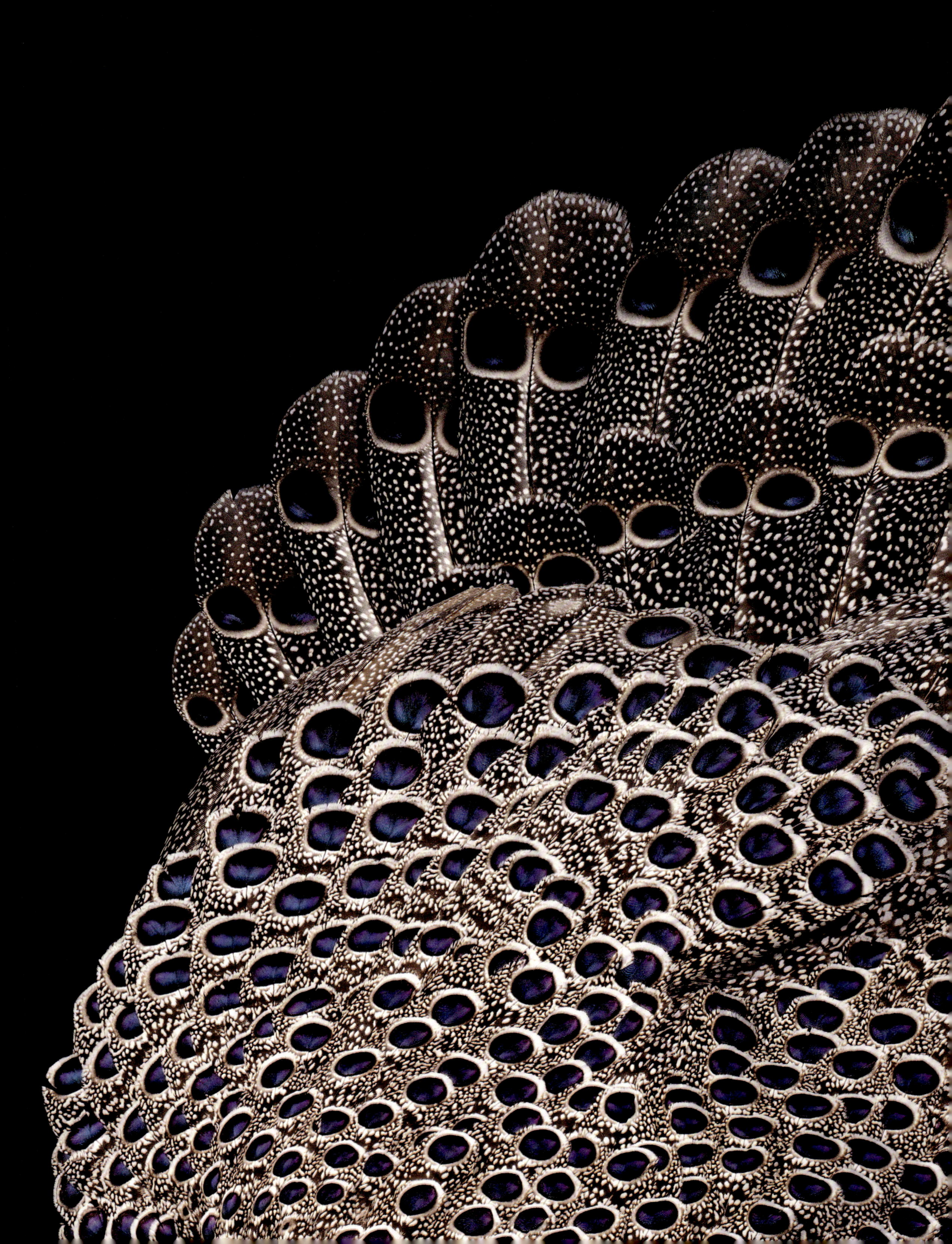

▲ **KAMPFLÄUFER**
Calidris pugnax
Gefiederkragen

«« **BLAUER PFAU**
Pavo cristatus
Rückenfeder

» **PFAUENTRUTHUHN**
Meleagris ocellata
Oberschwanzdeckfeder

Es mag mir mitunter schaden, daß ich so starr meinen Weg gehe und nicht die kleinste Pfauenfeder in meinem Krähenpelz leide; aber dennoch wünschte ich dies würde anerkannt.

ANNETTE VON DROSTE-HÜLSHOFF
1797–1848

GRAUER PFAUFASAN
Polyplectron bicalcaratum
Steuerfeder

▲ **SEIDENREIHER**
Egretta garzetta
Schulterfeder

◀ **KRONTAUBE**
Goura cristata
Haubenfeder

▸▸ **HELMKAKADU**
Callocephalon fimbriatum
Kopfgefieder

▸▸▸ **BLAUER PFAU**
Pavo cristatus
Oberschwanzdeckfeder

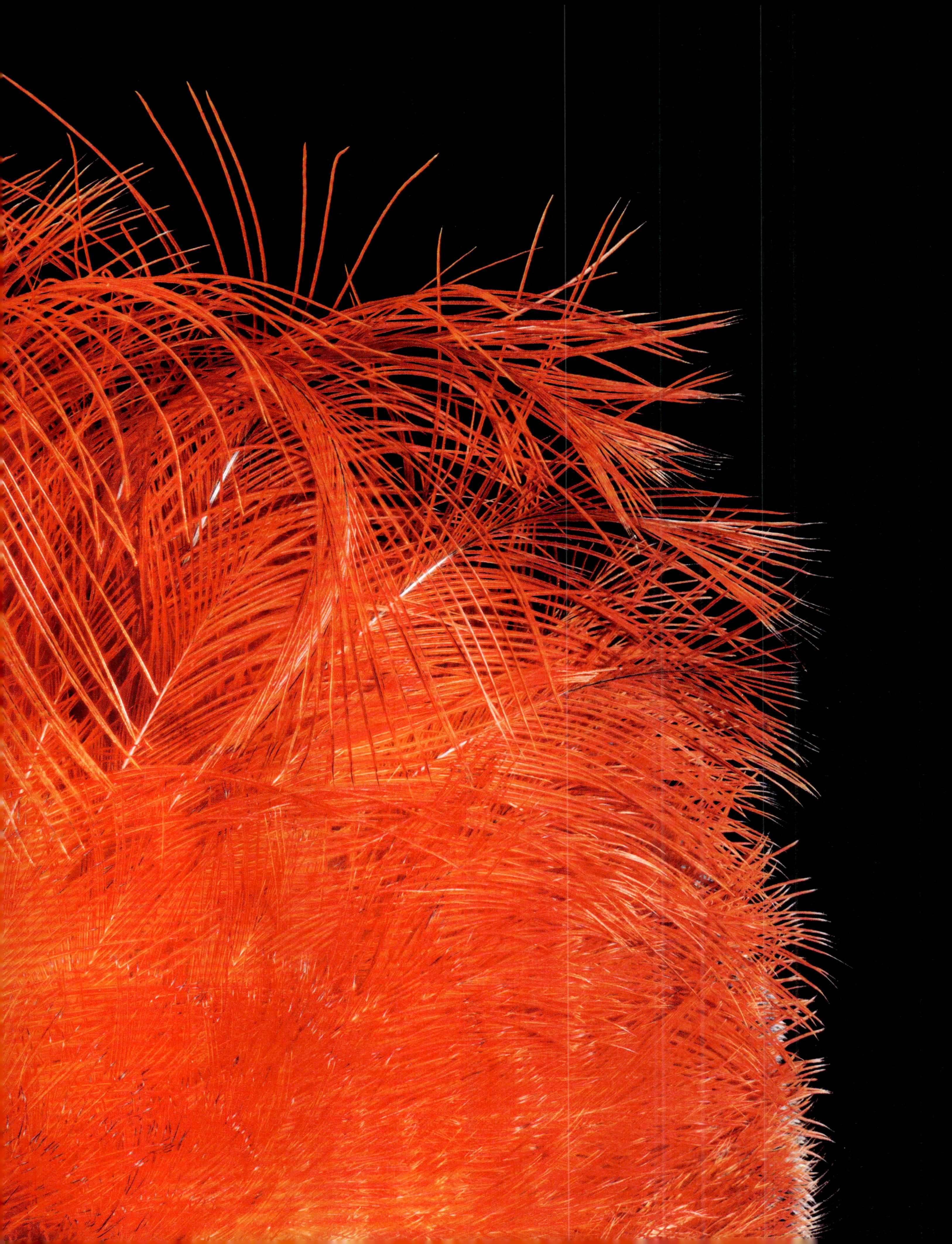

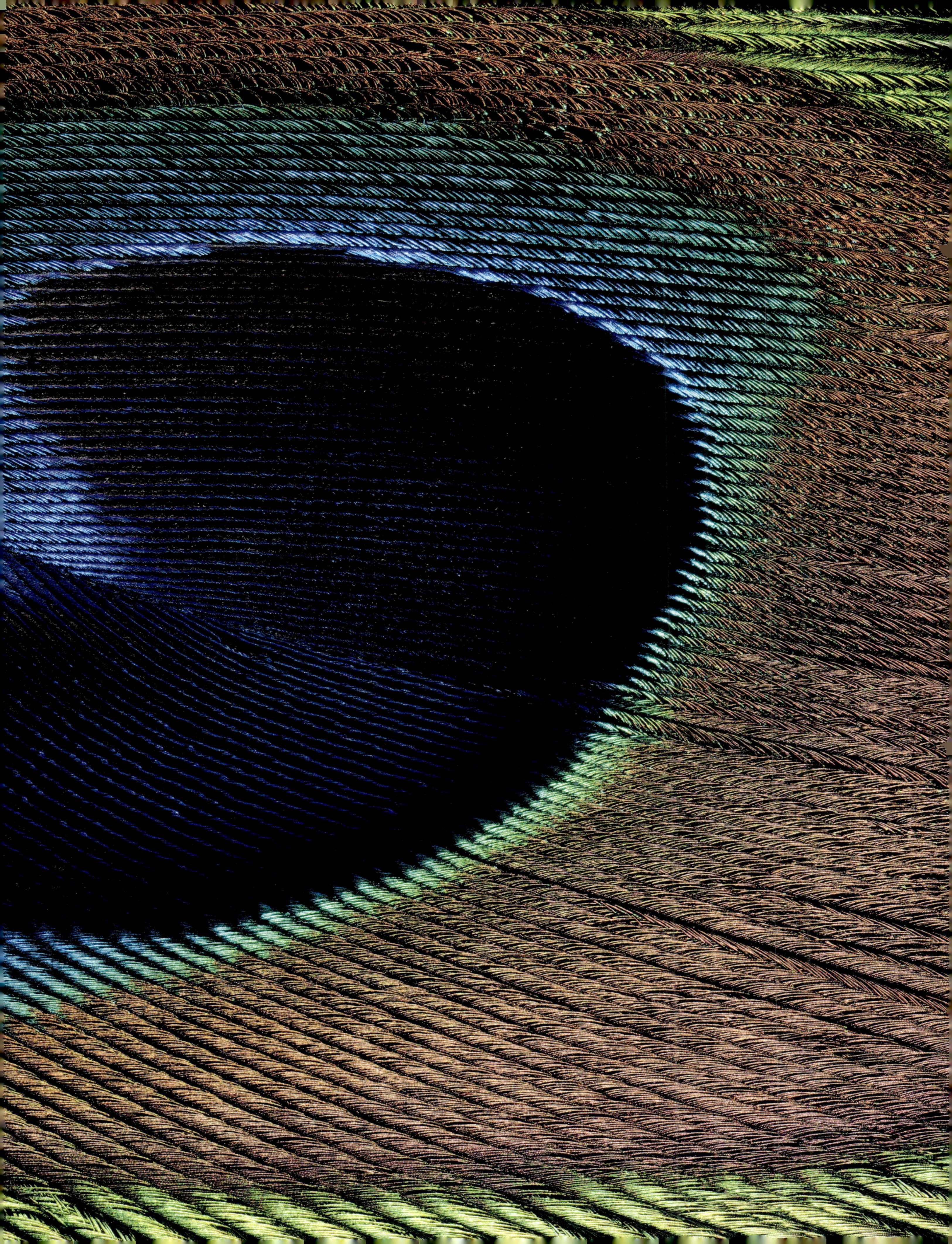

▲ MARABU
Leptoptilus crumeniferus
Unterschwanzdeckfeder

› ARGUSFASAN
Argusianus argus
Armschwinge

›› GROSSER PARADIESVOGEL
Paradisaea apoda
Flankenfeder

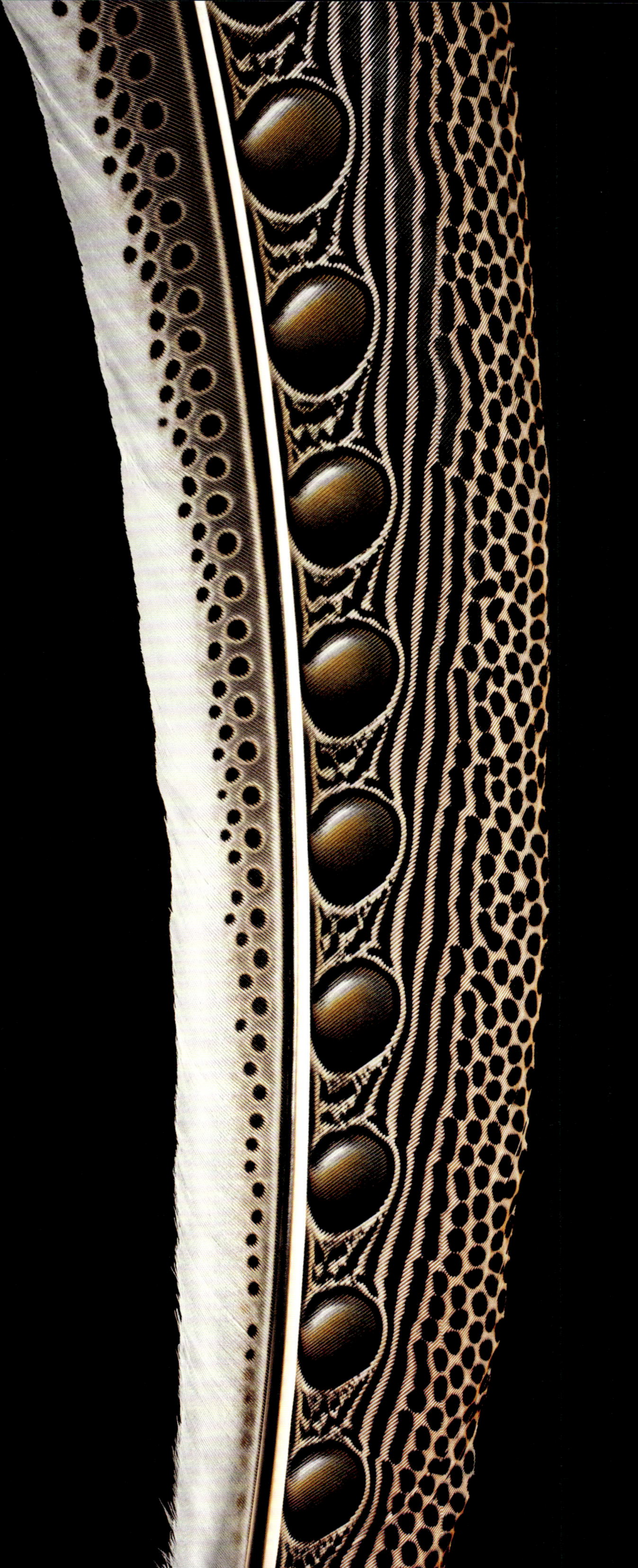

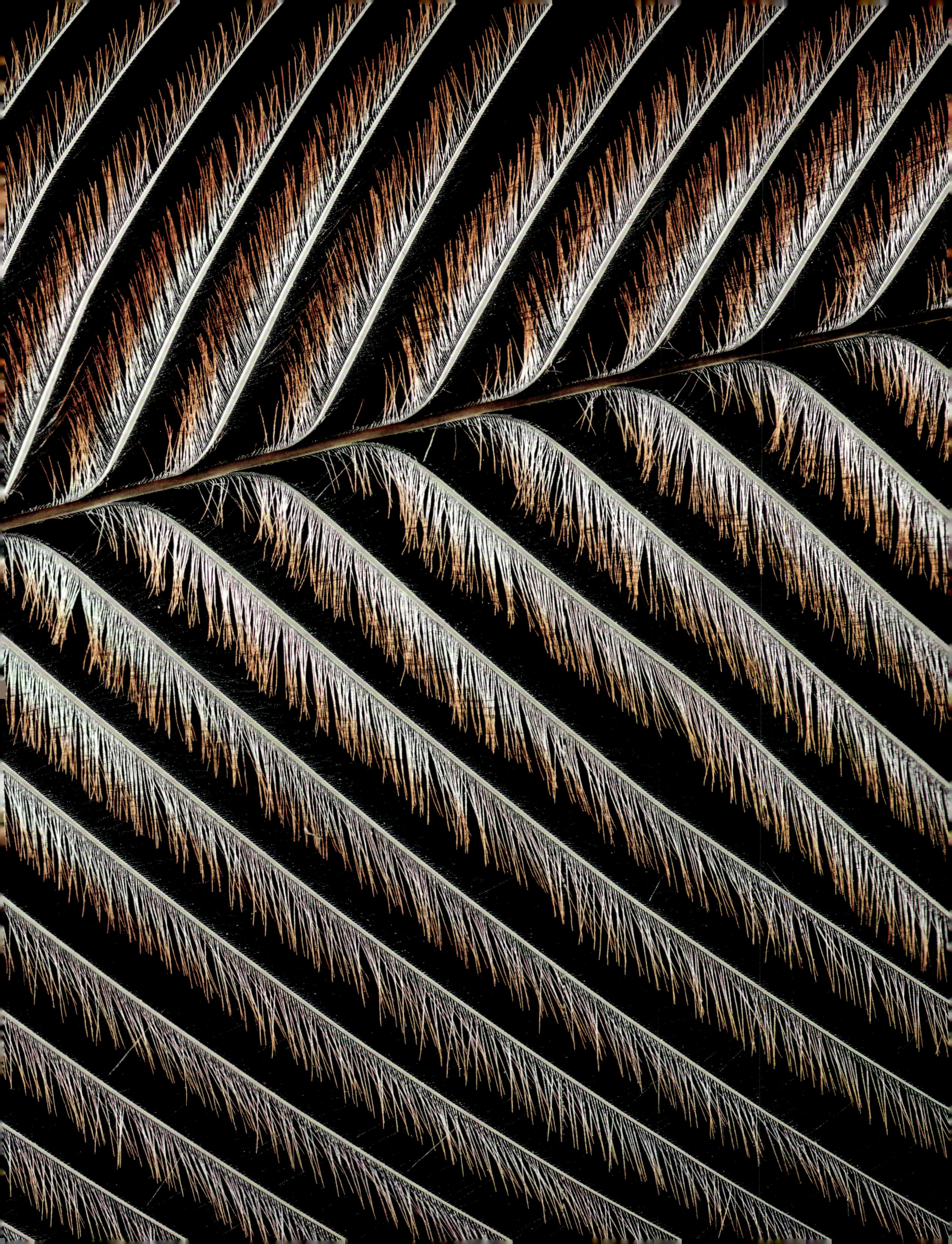

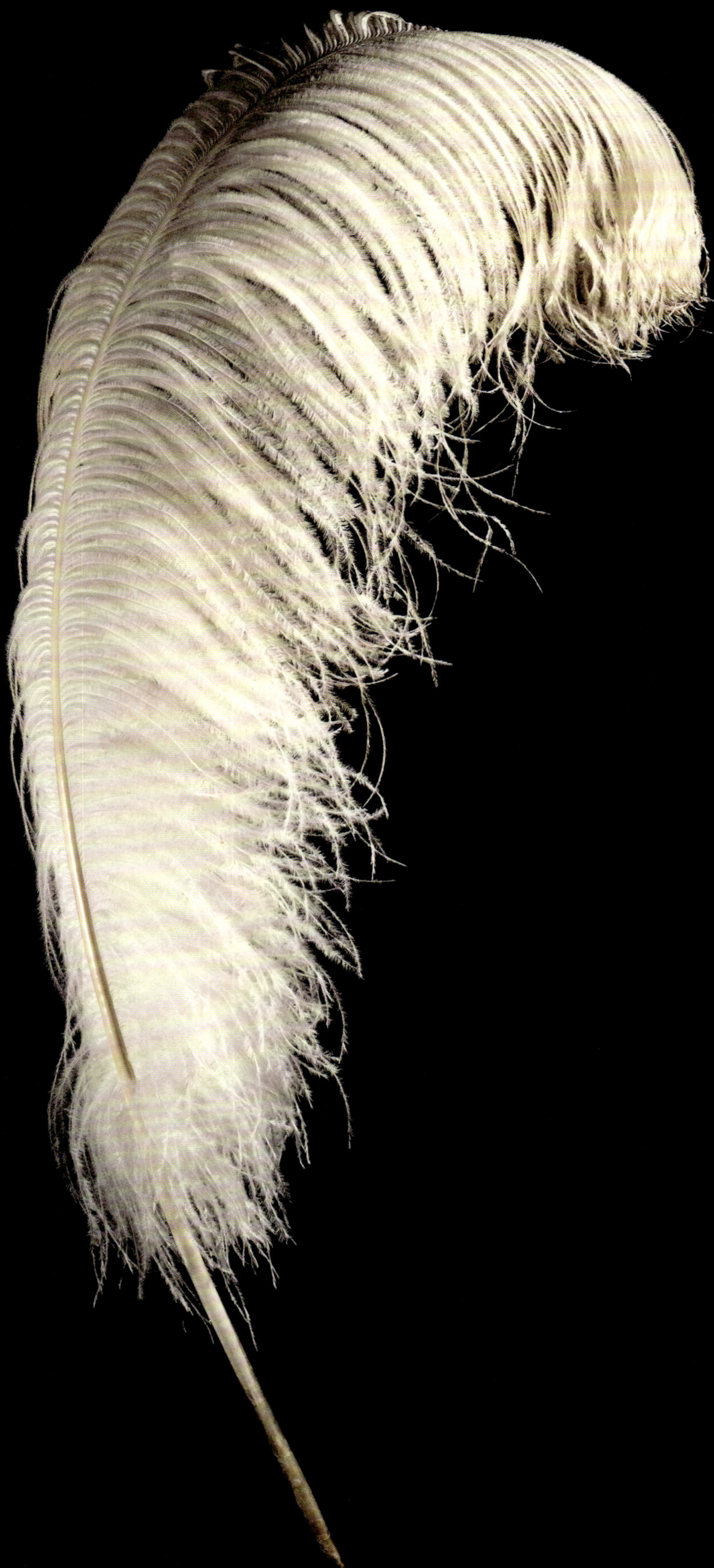

Was die Schönheit ist, weiß nur Gott.

ALBRECHT DÜRER
1471–1528

‹ **AFRIKANISCHER STRAUSS**
Struthio camelus
Handschwinge

›› **GEMEINER STAR**
Sturnus vulgaris
Gefieder, Rückenansicht

▲ BLAUPARADIESVOGEL
Paradisaea rudolphi
Schwanzfedern

◂ RAGGI-PARADIESVOGEL
Paradisaea raggiana
Schwanzgefieder

▸▸ TRUTHAHN
Meleagris gallopavo
Gefiederausschnitt

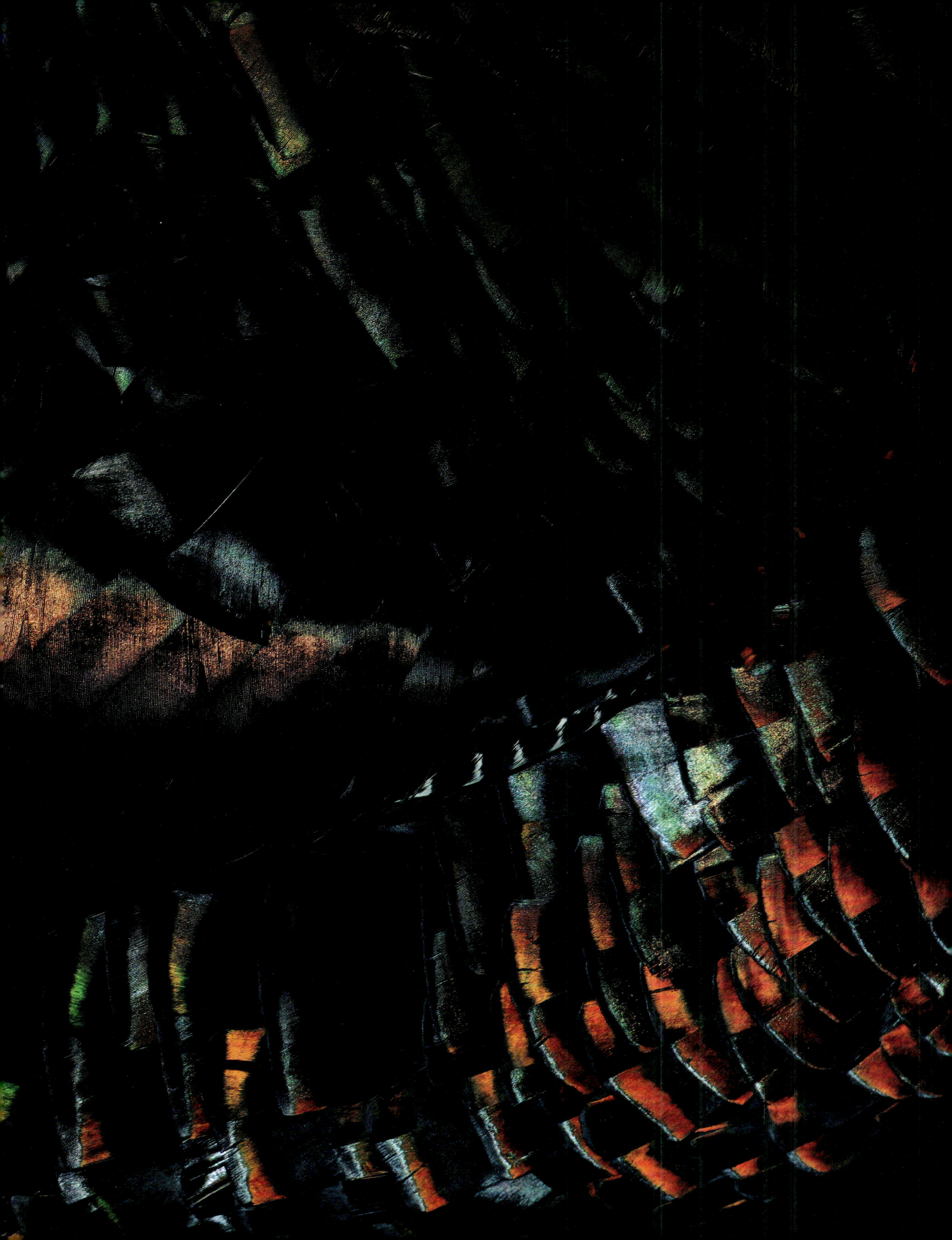

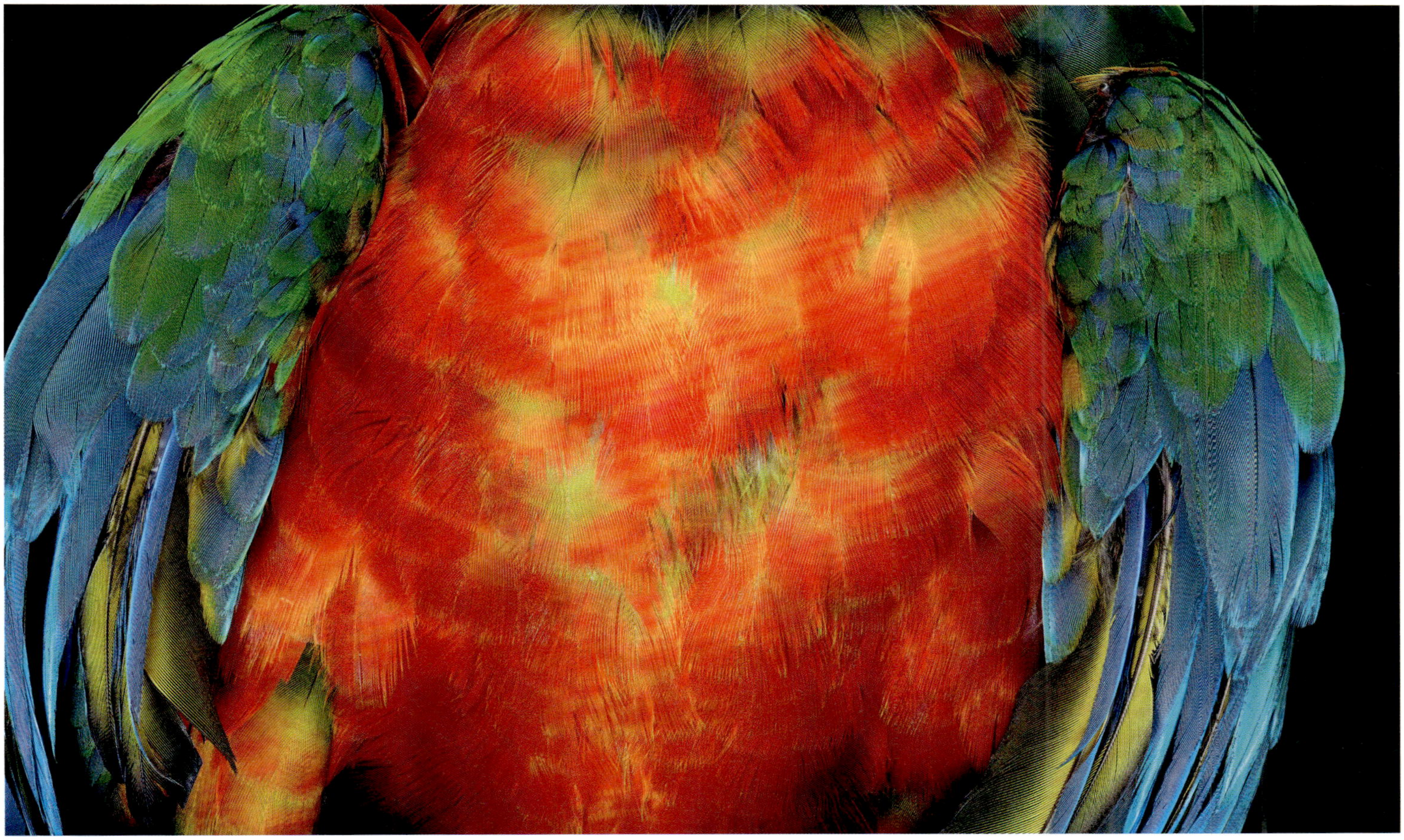

GRÜNFLÜGELARA-GELBBRUSTARA-HYBRID

Ara chloroptera, Ara ararauna
Brust-Flügel-Gefieder

MARABU

Leptoptilus crumeniferus
Unterschwanzdeckfeder

STOCKENTE

Anas platyrhynchos
Erpellocke

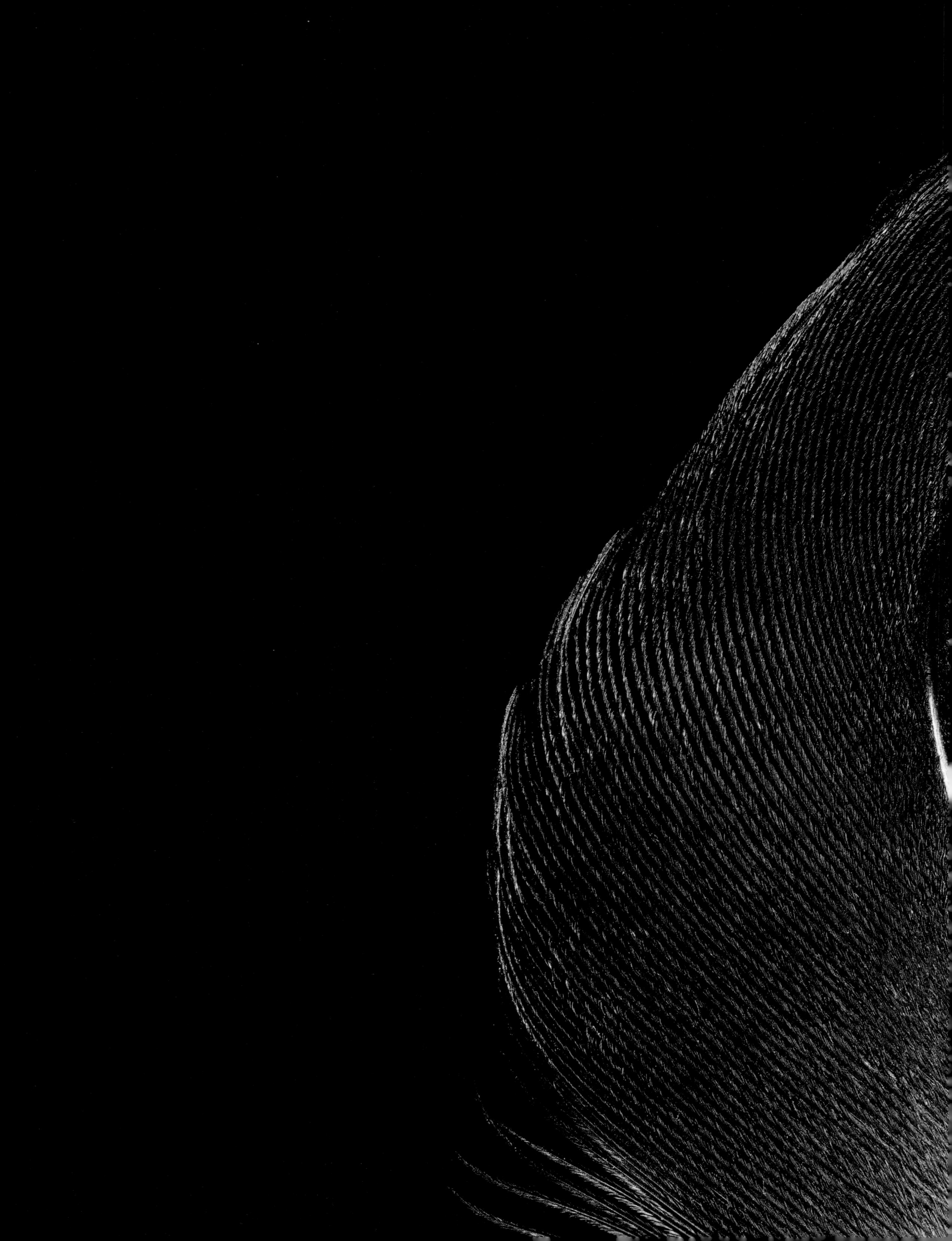

EPILOG

Die Lehre der Feder

Varieté Moulin Rouge, Montmartre, Paris, Gegenwart. Keine Show ohne glamouröse Federkostüme, Meisterwerke der Plumassier-Kunst. Auf der Bühne erwachen sie zum Leben. Freiheit, Ausschweifung, Schönheit. Ein visuelles Spektakel, im Rausch der Sinne.

Dem zuschauenden Ornithologen fehlen die Worte. Die tanzenden Mischwesen ahmen Vögel nach, und, kein Zweifel, sie balzen. Die Geschlechter im Publikum verstehen die Signale sehr gut. Sie können nicht anders. Denn niemand entrinnt der Natur.

› GÄNSEGEIER
Gyps fulvus
Unterschwanzdeckfeder

BILDINFORMATIONEN

S. 4

Stockente, *Anas platyrhynchos,* Eurasien/Afrika/Nordamerika/Neuseeland/Australien, Steuerfeder, 8 cm

Eine der zwei bis vier aufgerollten Schwanzfedern im Prachtkleid des Stockentenerpels, die sogenannte Erpellocke. Sie gilt als Jagdtrophäe und dient Jägern und Jägerinnen häufig als Hutschmuck.

S. 6–7

Federarrangement

Kollektion unterschiedlicher Federtypen diverser Vogelarten

S. 8–9

Blau-Seidenkuckuck, *Coua caerulea,* Madagaskar, Armschwinge, 12 cm

Detailansicht aus dem mittleren Bereich der Feder. Bei diesem großen Kuckuck gibt es keinen Sexualdimorphismus. Beide Geschlechter haben ein dunkelblaues Gefieder, die Flügel und Steuerfedern schimmern violett. Der schillernde Effekt wird durch Interferenzen an regelmäßigen Mikrostrukturen der Feder hervorgerufen.

S. 10–11

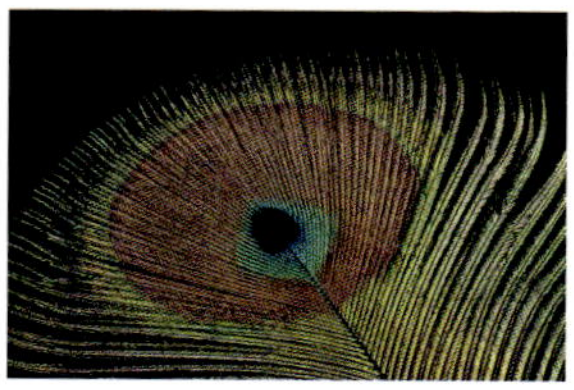

Blauer Pfau, *Pavo cristatus,* indischer Subkontinent, Rückenfeder, 12 cm

Typisches Merkmal des Gefieders männlicher Pfauen sind die auffallenden Augenflecke, hauptsächlich auf den Federn der Schleppe. Auch der hier abgebildete obere Teil der Rückenfeder besitzt ein solches »Auge«, allerdings etwas weniger prägnant ausgebildet.

S. 12–13

Himalaya-Glanzfasan, *Lophophorus impejanus,* Afghanistan/Bhutan/Tibet/Nepal, Gefiederausschnitt

In der Halsregion schimmert das Gefieder der männlichen Vögel kupferfarben. Das gesamte Federkleid schillert in grünen, roten, blauen und violetten Farbtönen. Die zu den Hühnervögeln gehörende Art wird weltweit gerne als Ziervogel gehalten.

S. 18–19

Argusfasan, *Argusianus argus,* Südostasien, Deckfeder, 10 cm

Die Armdeckfedern eines Flügels ummanteln die Schwungfedern an deren Basis und bilden so eine geschlossene Fläche. Vorrangig schützen die Deckfedern vor Umwelteinflüssen, dienen aber auch der Tarnung oder sind auffällig gefärbt. Am unteren Teil der Feder geht die geschlossene Federfahne in einen dunenartigen Bereich über, welcher der Thermoisolierung dient.

S. 20–21

Hyazinth-Ara, *Anodorhynchus hyacinthinus,* Südamerika, Kopfgefieder

Das intensiv blaue Gefieder und der gelbe Augenring kennzeichnen die größte flugfähige Papageien-Art der Welt. Der bis zu einem Meter lange Vogel wird auf der Roten Liste gefährdeter Arten geführt. Die größten Bestände finden sich noch im brasilianischen Teil des Pantanal.

S. 22–23

Großer Emu, *Dromaius novaehollandiae,* Australien, Körperfeder, 28 cm

Bei den Deckfedern vieler Vogelarten entwickelt sich unterhalb der eigentlichen Fahne eine kleine weitere, die sogenannte Nebenfeder oder Afterfeder. Im Falle des flugunfähigen Emus ist diese ebenso lang wie die Hauptfeder.

S. 24

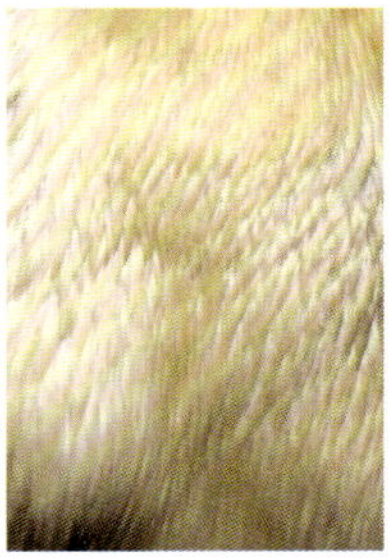

Kaiserpinguin, *Aptenodyte5s forsteri,* Antarktis, Brustgefieder
Das Gefieder des Kaiserpinguins ist an die extremen Temperaturen des antarktischen Lebensraums angepasst. Es besteht aus vielen kurzen Federn, die eine dichte Oberfläche bilden. Trotz dicker Speckschicht übernehmen die Federn 90 Prozent der Wärmeisolierung.

S. 28

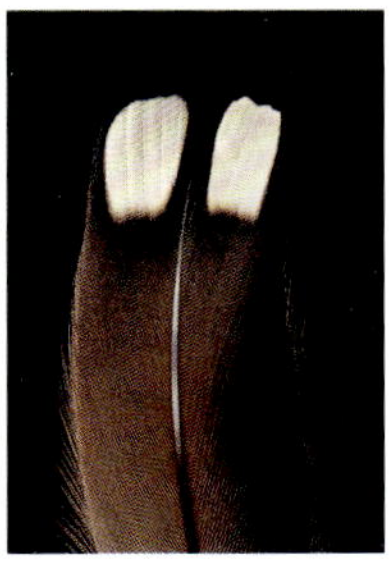

Eistaucher, *Gavia immer,* Nördliches Nordamerika bis in die Arktis/Europa/Grönland, Deckfeder, 12 cm
Beim Gefieder des Eistauchers gibt es keinen Geschlechtsdimorphismus. Während der Vogel im Schlichtkleid dunkelgrau ist, zeigt das Rückengefieder des Prachtkleids dichte Reihen großer weißer Vierecke auf schwarzem Grund. Der Eistaucher ist der National-Vogel Kanadas und etwa auf der Ein-Dollar-Münze abgebildet.

S. 30–31

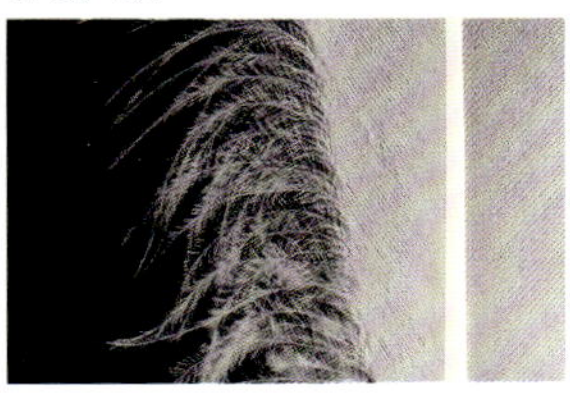

Zwergflamingo, *Phoeniconaias minor,* Ostafrika/Subsahara/Arabische Halbinsel, Schulterfeder, 23 cm
Der Ausschnitt einer Schulterfeder zeigt den Bereich, in dem die geschlossene Federfahne zum Rand hin in eine dunenartige Fahne übergeht. Hier sind Bogen- und Hakenstrahlen der Federäste nicht mehr miteinander verzahnt und werden als Dunenstrahlen oder Dunenäste bezeichnet.

S. 32

Mandarinente, *Aix galericulata,* China/Japan/Russland, Schulterfeder, 12 cm
Dieser Federntyp bildet den Übergang vom Rücken zum Flügel. In dem ansonsten bunten Prachtgefieder des Erpels sind die Schulterfedern schlicht gefärbt. Außerhalb der Brutzeit ähnelt das Gefieder des Männchens dem unauffälligen Federnkleid des Weibchens.

S. 33

Prachteiderente, *Somateria spectabilis,* Nordosteuropa/Asien/Nordamerika, Schirmfeder, 10 cm
Die innersten Armschwingen eines Vogels werden Schirmfedern genannt. Sie schützen die darunter liegenden Schwungfedern. Aufgrund ihrer speziellen Funktion sind sie meist anders geformt als die übrigen Armschwingen. Bei dieser Art sind sie sichelförmig gekrümmt.

S. 34

Südafrika-Kronenkranich, *Balearica regulorum,* Süd- und Ostafrika, Armdecke, 27 cm
Die Armdecke der Südafrika-Kronenkraniche ist ungewöhnlich. Die Federfahnen bestehen nur aus Federästen, Federstrahlen fehlen völlig. Der besonders auffällige Vogel wird in seinem Verbreitungsgebiet von vielen Kulturen als Glücksbote und Wächter über die Gesundheit verehrt.

S. 36

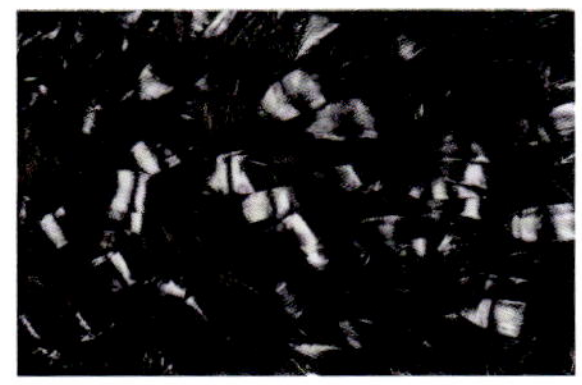

Krauskopfarassari, *Pteroglossus beauharnaesii,* Südamerika, Kopfgefieder
Bei dieser Art ist das ungewöhnliche Kopfgefieder namensgebend. Beide Geschlechter ziert die extravagante »Frisur« aus schwarz glänzenden, zu gekrümmten oder gekräuselten Hornplättchen umgewandelten Federn.

S. 37

Afrikanischer Strauß, *Struthio camelus,* Süd- und Ostafrika, Jungtiergefieder
Straußenküken kommen mit einem graubraunen Flaum zur Welt. Das Rückengefieder der Kleinen ist stachelig-borstig. Mit etwa vier Monaten wachsen ihnen schließlich braune Federn.

S. 38–39

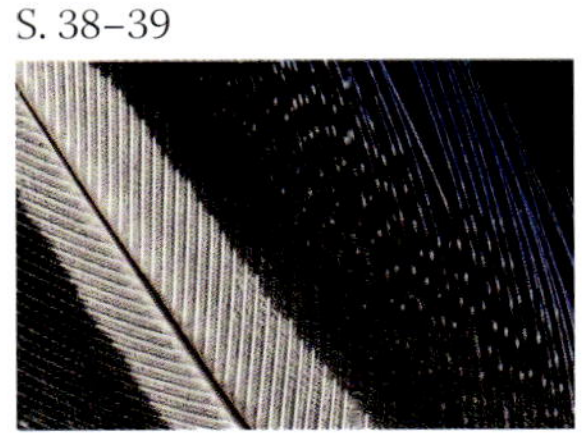

Geierperlhuhn, *Acryllium vulturinum,* Ostafrika, Feder aus Halskragen, 21 cm
Die Gefieder der männlichen und weiblichen Vögel sind kaum zu unterscheiden. Beide schmückt ein auffälliger »Halskragen« aus schmalen lanzettförmigen, schwarz-weiß-blau längs gestreiften Federn, die bis zur Brust hinunterreichen.

S. 40

Helmkasuar, *Casuarius casuarius,* Australien, Körperfeder, 19 cm
Die Federn des großen Laufvogels haben im Evolutionsgeschehen ihre Flugfunktion verloren und dienen heute hauptsächlich der Wärmeisolierung und dem Schutz vor den Elementen. Sie sind daher anders gestaltet, besonders auffällig ist ihr doppelter Schaft.

S. 41

Kormoran, *Phalacrocorax carbo,* Europa/Asien/Afrika/Australien/Neuseeland/Nordamerika/Grönland, Deckfeder, 9 cm

Detailansicht aus dem dunenartigen Teil einer Deckfeder. Hier sind die Federäste nicht durch Haken- und Bogenstrahlen miteinander verbunden, sodass keine einheitliche Federfahne entsteht. Dieser flauschige Bereich einer Feder dient der Thermoregulation.

S. 43

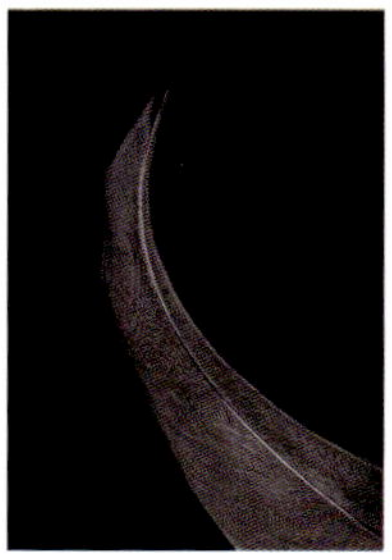

Südafrika-Kronenkranich, *Balearica regulorum,* Süd- und Ostafrika, Schulterfeder, 21 cm

Dieser Federntyp gehört nicht zum eigentlichen Flügel, sondern zu den Körperfedern und liegt im Bereich zwischen den Flügelfedern und dem Rückengefieder. Schulterfedern bedecken die Basis des Flügels.

S. 44

Afrikanischer Strauß, *Struthio camelus,* Süd- und Ostafrika, Daunenfeder, 4 cm

Die Abbildung zeigt die Daunenfeder eines juvenilen Straußes. Charakteristisch für eine Daune ist das aus der Spule wachsende Büschel, bei dem die Dunenstrahlen nicht miteinander verhakt sind. Dieser Federntyp mit seinen zusätzlichen borstigen Elementen ist typisch für das Gefieder und wird bis in das Erwachsenenalter beibehalten.

S. 45

Stachelibis, *Threskiornis spinicollis,* Australien, Halsfeder, 5 cm

Die auffällig geformte, gelbliche Feder von der Kehle des Ibis-Männchens ist charakteristisch und gibt dieser Art ihren Namen. An der Spitze ist der Federkiel verdickt und zu einem schmalen Stachel verlängert.

S. 46–47

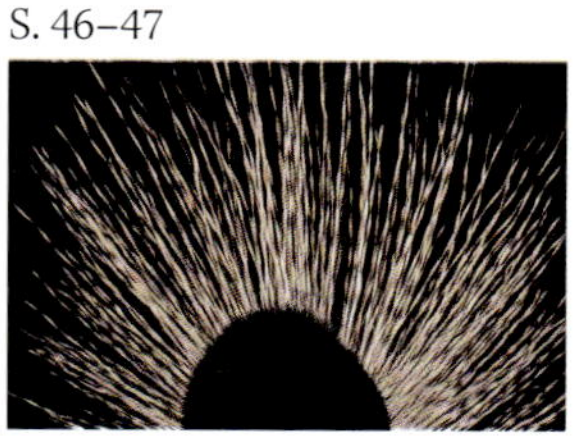

Südafrika-Kronenkranich, *Balearica regulorum,* Süd- und Ostafrika, Federkrone

Diese Art ist Ugandas Nationalvogel und stark gefährdet. Beide Geschlechter ziert ein ausgefallener Kopfschmuck, der aus einem schwarzen, samtartigen Federwulst und einer büschelartigen, strohgelben Federkrone besteht.

S. 48

Zwergflamingo, *Phoeniconaias minor,* Afrika, Schulterfeder, 23 cm

Der basale Teil der Schulterfeder ist dunenartig ausgebildet. Hier sind die Federäste nicht über Bogen- und Hakenstrahlen miteinander verbunden. Dieser spulennahe Abschnitt der Feder dient der Thermoregulation.

S. 49

Fadenhopf, *Seleucidis melanoleucus,* Neuguinea, Flankenfeder, 37 cm

Die Männchen besitzen auf jeder Körperseite sechs auffällige Flankenfedern, die als Schmuckfedern fungieren. Die Federäste verfügen über keine Strahlen. Die Federschäfte sind derart verlängert, dass sie fadenförmig die Feder weit überragen und dabei nach außen gebogen sind.

S. 50

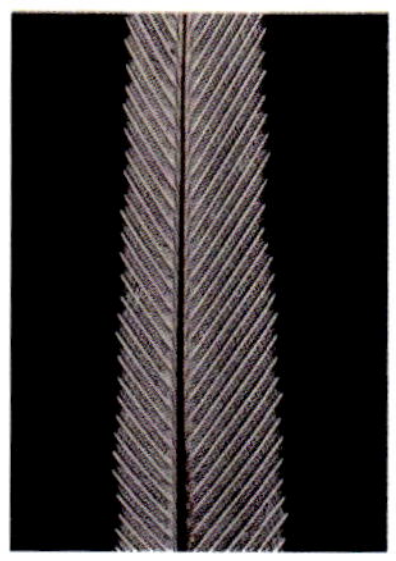

Geierperlhuhn, *Acryllium vulturinum,* Ostafrika, Brustfeder, 21 cm

Als schön würde man das Geierperlhuhn wohl nicht beschreiben. Schuld daran ist ausschließlich der geierartige Kopf, dem das Tier seinen Namen verdankt. Sein Federkleid ist hingegen recht prachtvoll. Die Federn der Brust sind kobaltblau, das übrige Gefieder schwarz mit feinen weißen Linien und Tupfen.

S. 51

Sonnenralle, *Eurypyga helias,* Mittel- und Südamerika, Steuerfeder, 17 cm

Farbmuster auf der Fahne einer Steuerfeder. Die Schwanzfedern eines Vogels können neben ihren Funktionen beim Flug aufgrund ihrer Farbe und Zeichnung auch eine Tarn- oder Signalwirkung besitzen.

S. 52–53

Königspinguin, *Aptenodytes patagonicus,* Antarktis, Halsgefieder

Bei den zweitgrößten Pinguinen der Antarktis gibt es keinen ausgeprägten Sexualdimorphismus. Der abgebildete Gefiederausschnitt zeigt die charakteristisch gefärbten Federpartien im Kopf- und Halsbereich adulter Königspinguine.

S. 54

Waldschnepfe, *Scolopax rusticola,* Eurasien, Schnepfenbart
Der Schnepfenbart ist ein Federbüschel, das sich auf der Bürzeldrüse des Vogels befindet. Aufgrund seines typischen Zick-Zack-Flugs ist das dämmerungsaktive Tier nur schwer zu erlegen. Unter Jägern gelten die Federn daher als Trophäe und sind als Hutschmuck äußerst begehrt.

S. 56

Diamantfasan, *Chrysolophus amherstiae,* China/Tibet, Schulterfeder, 8 cm
Der Geschlechtsdimorphismus ist bei dieser Art stark ausgeprägt. Im Vergleich zur unscheinbar wirkenden Henne ist der Hahn besonders auffällig. Die Schulterfeder ist Teil seines farbenfrohen und kontrastreichen Gefieders.

S. 57

Buntstorch, *Mycteria leucocephala,* Sri Lanka/Indien/Indochina/China, Schirmfeder, 22 cm
Beide Geschlechter des überwiegend schwarz-weißen Buntstorchs zeichnen sich durch die rosa gefärbten Schirmfedern aus, die in Ruhehaltung über Rücken und Rumpf hinausragen. Die rosafarbenen Federenden sind für diese Spezies namensgebend.

S. 58

Diamantfasan, *Chrysolophus amherstiae,* China, Tibet, Oberschwanzdeckfeder, 11 cm
Während das Weibchen schlicht gefärbt erscheint, ist das Gefieder des Hahns auffällig farbenreich. Die Feder zeigt sich in einem kontrastreichen Schwarz-Weiß mit einer schmal zulaufenden Spitze in einem kräftigen Rot.

S. 59

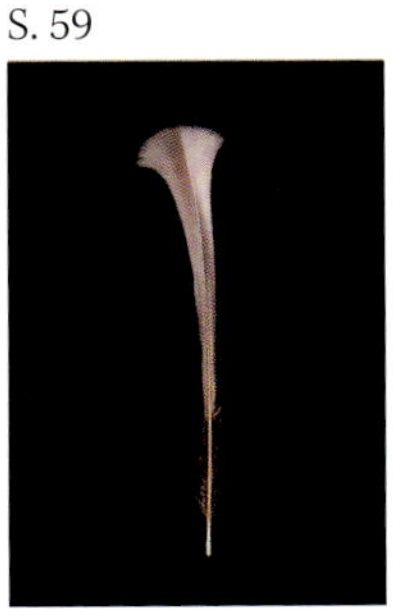

Kragenparadiesvogel, *Lophorina superba,* Neuguinea, Kragenfeder, 13 cm
Die Abbildung zeigt die Rückseite einer Kragenfeder des imposanten Vogels. Die Männchen dieser Art zeigen ein spektakuläres Balzverhalten, bei dem der aufgestellte Federkragen während der Brautwerbung eine tragende Rolle spielt.

S. 60–61

Dreizehenmöwe, *Rissa tridactyla,* Holarktis, Handschwinge, 23 cm
Die Makroaufnahme einer Handschwinge zeigt die Federäste der Innenfahne mit den miteinander verzahnten Bogen- und Hakenstrahlen. Das Konstruktionsprinzip ähnelt dem eines Klettverschlusses und sorgt für Stabilität bei gleichzeitiger Flexibilität der Feder.

S. 62–63

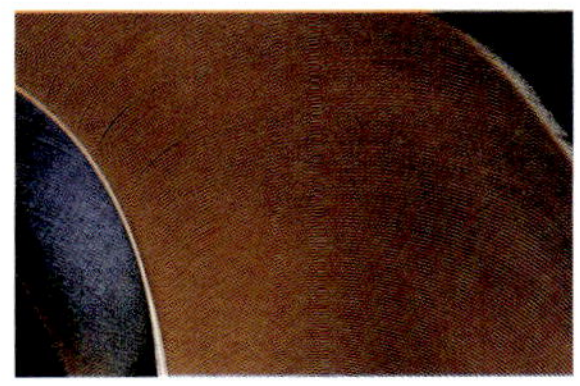

Mandarinente, *Aix galericulata,* China, Japan, Segelfeder, 9 cm
Der Erpel dieser Art besitzt im Prachtkleid zwei aufgestellte, segelartig geformte innere Armschwingen als Schmuckfedern, die sogenannten Segelfedern.

S. 64

Königspinguin, *Aptenodytes patagonicus,* Antarktis, Deckfeder, 6 cm
Viele solcher kleinen Deckfedern umhüllen dachziegelartig übereinandergelegt den Pinguinkörper. Sie geben ihm seine stromlinienförmige Gestalt und schützen ihn vor der antarktischen Kälte.

S. 65

Königspinguin, *Aptenodytes patagonicus,* Antarktis, Gefiederausschnitt
Detailansicht des Rückengefieders. Es zeigt die vielen Deckfedern, die den Pinguinkörper bedecken. Für Pinguine ist intensive Gefiederpflege überlebenswichtig. Mit ihrem Schnabel und den Füßen verteilen sie ein öliges Sekret aus der Bürzeldrüse, sodass ihr Gefieder völlig wasserdicht ist. Außerdem schützt diese Imprägnierung vor schädlichen Pilzen und Bakterien.

S. 66–67

Nördlicher Streifenkiwi, *Apteryx mantelli,* Neuseeland, Körpergefieder
Da der Kiwi flugunfähig ist, fehlen ihm die dafür spezialisierten Federn. Flügel und Schwanz sind äußerlich nicht erkennbar. Seine Federn, die an Haare erinnern, sind gleichmäßig über den runden Körper verteilt.

S. 68–69

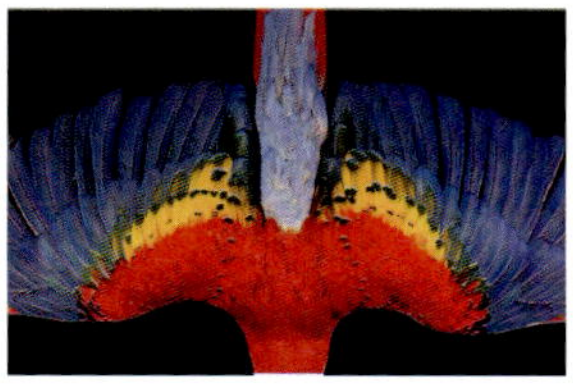

Scharlachara, *Ara macao,* Mittelamerika/Brasilien, Rumpf mit ausgebreiteten Flügeln

Mit einer Flügelspannweite von über einem Meter zählt dieser Papagei zu den größten der Welt. Die ausgebreiteten Flügel offenbaren das farbenprächtige Gefieder. Charakteristisch sind die gelben Flügelflecke, durch die sich der Scharlachara vom sehr ähnlichen Grünflügelara unterscheidet. Die gesamte Unterseite des Vogels ist leuchtend rot.

S. 70

Blaustirnamazone, *Amazona aestiva,* Südamerika, Steuerfeder, 14 cm

Der Schwanz des Papageis besteht aus 12 Steuerfedern. Dieser Federtypus gibt nicht nur im Flug die Richtung vor, sondern hält den Vogel beim Laufen und Sitzen im Gleichgewicht. Die Blaustirnamazone zählt zu den am häufigsten in Gefangenschaft gehaltenen Papageienarten.

S. 76–77

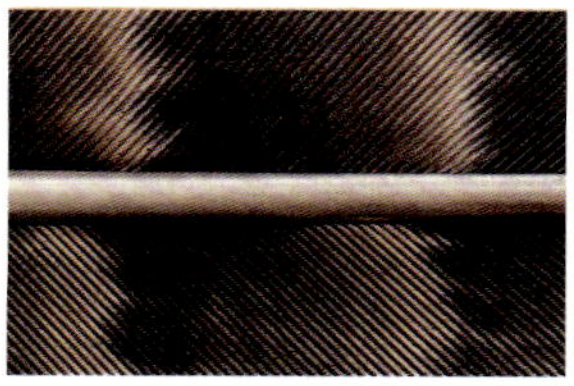

Kaiseradler, *Aquila heliaca,* Südöstliches Europa bis Sibirien, Steuerfeder, 32 cm

Auffällig an der Steuerfeder des Kaiseradlers ist der massive Kiel. Entsprechend seiner Größe benötigt der imposante Vogel stabile Federn, die den mechanischen Belastungen standhalten.

S. 78

Scharlachara, *Ara macao,* Mittelamerika/Brasilien, Steuerfeder, 59 cm

Diese Steuerfeder ist eine der beiden mittleren – und damit längsten – Federn des Schwanzes. Das Steuer, das aus 12 Federn besteht, macht bei Aras ungefähr die Hälfte der gesamten Körperlänge aus.

S. 79

Spix-Ara, *Cyanopsitta spixii,* Brasilien, Steuerfeder, 37 cm

Eine echte Rarität. Eine der 12 Steuerfedern aus dem Schwanz des seltensten Papageis der Welt. In freier Wildbahn gilt diese Art seit dem Jahr 2000 als ausgestorben. In menschlicher Obhut existieren noch etwa 100 Exemplare.

S. 80

Weißkappenalbatros, *Thalassarche cauta,* Tasmanien/Neuseeland, Handschwinge, 27 cm

Detailansicht der Federrückseite mit massivem Federschaft. Handschwingen sind die äußeren großen Federn des Vogelflügels, die entsprechend ihrer Aufgabe kräftig und stabil konstruiert sind.

S. 81

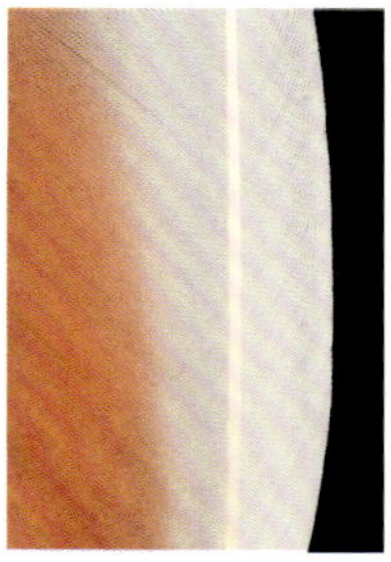

Inkakakadu, *Cacatua leadbeateri,* Australien, Handschwinge, 21 cm

Diese weiß-blassrosa Handschwinge des Inkakakadus zeigt den typischen Bau einer Schwungfeder mit breiter Innen- und schmalerer Außenfahne. Erst diese asymmetrische Konstruktion der Feder ermöglicht den aktiven Flug.

S. 82–83

Blauer Ohrfasan, *Crossoptilon auritum,* China, Steuerfeder, 53 cm

Der Schwanz dieses Fasans besteht aus 24 Steuerfedern. Die innersten Schwanzfedern haben stark zerschlissene Fahnen, deren haarartig verlängerten Äste herabhängen. Die Feder besitzt keine aerodynamischen Eigenschaften, sondern dient als Schmuckfeder.

S. 84–85

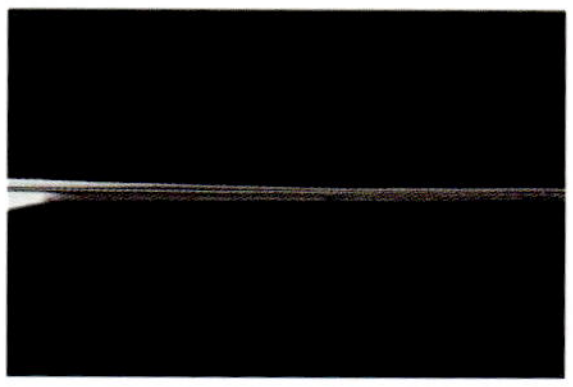

Gabelracke, *Coracias caudatus,* Ost- und Südafrika, Steuerfeder, 27 cm

Namensgebend für diese Art ist die Form ihrer Schwanzfedern. Die Spitzen der beiden äußeren Steuerfedern sind schmal und stark verlängert, sodass sie an Gabeln erinnern.

S. 86

Spitzschwanz-Paradieswitwe, *Vidua paradisaea,* Ostafrika/Südliches Afrika, Steuerfeder, 15 cm

Die zu den Sperlingsvögeln gehörige Art zeigt während der Balzzeit einen auffälligen Sexualdimorphismus. Im Prachtkleid tragen die Männchen lange Schwanzfedern. Genau genommen verlängert sich ein Paar der inneren Steuerfedern und reicht weit über die Federfahnen hinaus.

S. 88

Habichtskauz, *Strix uralensis,* Europa/Nordafrika/Asien, Handschwinge, 24 cm
Die Detailaufnahme zeigt die fellartige, samtweiche Oberfläche der Federfahne. Diese Struktur lässt den Kauz nahezu geräuschlos fliegen und seine Beute jagen. Pro Flügel besitzt diese Art zehn Handschwingen.

S. 89

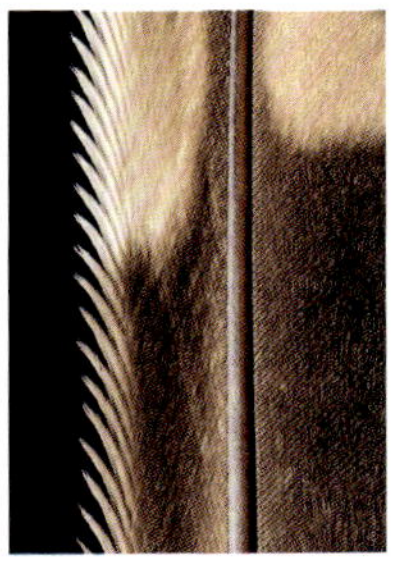

Habichtskauz, *Strix uralensis,* Europa/Nordafrika/Asien, Handschwinge, 24 cm
Der Rand der Außenfahne ist kammartig ausgebildet. Diese Struktur unterbindet Fluggeräusche, welche durch entstehende Luftwirbel an der Flügelkante entstehen würden. Zusammen mit der fellartigen Oberfläche der Federn erlauben diese Anpassungen einen nahezu lautlosen Flug durch die Nacht.

S. 90–91

Kubaflamingo, *Phoenicopterus ruber,* Mittel- und Südamerika, innere Armschwinge, 30 cm
Dieser Federntypus liegt schützend über dem zusammengelegten Flügel und schirmt die darunter liegenden Schwungfedern gegen die Witterung ab. Aufgrund ihrer speziellen Funktion werden innere Armschwingen auch als Schirmfedern bezeichnet und haben meist eine andere Form und Farbe als die »regulären« Armschwingen.

S. 92

Trauerschwan, *Cygnus atratus,* Australien/Neuseeland, Handschwinge, 34 cm
Die Feder zählt zu den Flugfedern, ist deutlich asymmetrisch konstruiert und besitzt einen kräftigen Kiel. Die Federfarbe ist typisch für einen Jungvogel. Das Gefieder adulter Trauerschwäne ist schwarz, mit Ausnahme weißer Schwungfedern, die nur im Flug sichtbar werden.

S. 93

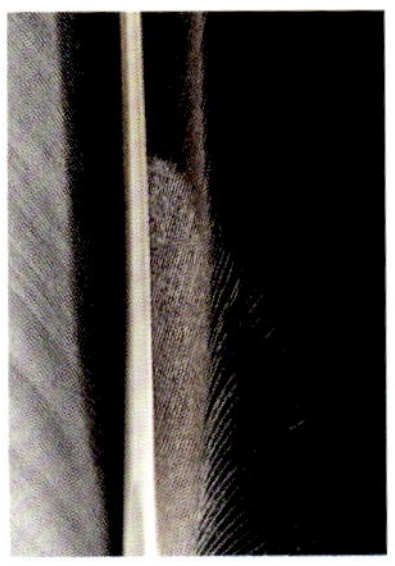

Eilseeschwalbe, *Thalasseus bergii,* Südliches Afrika/Pazifik/Rotes Meer/Persischer Golf, Handschwinge, 25 cm
Die äußeren großen und kräftigen Federn des Vogelflügels sind die Handschwingen. Das abgebildete Detail zeigt den stabilen Schaft und die Asymmetrie der Federfahnen, die typisch für Flugfedern sind. Die Außenfahne ist deutlich schmaler als die Innenfahne.

S. 94

Brandgans, *Tadorna tadorna,* Europa/Asien, Armschwinge, 17 cm
Pro Flügel besitzt diese Art 18 Armschwingen. Zusammen mit den Handschwingen bilden sie die eigentlichen Tragflächen. Ihre typische asymmetrische und damit aerodynamische Form kennzeichnet sie als Flugfeder. Im Prachtkleid der Männchen schillern die Außenfahnen der Armschwingen kräftig bronzegrün.

S. 95

Virginia-Uhu, *Bubo virginianus,* Nord-, Mittel- und Südamerika, Steuerfeder, 24 cm
Wie bei allen Eulen sind die Federn des Uhus samtig-weich, die Oberflächen der Fahnen fellartig. Diese aerodynamischen Eigenschaften tragen zum geräuschlosen Flug bei. Die Besonderheit bei Virginia-Uhus: die gebänderten Schwung- und Steuerfedern – das ist ungewöhnlich für Eulen.

S. 96–97

Mähnengans, *Chenonetta jubata,* Australien, Schirmfeder, 16 cm
Detailaufnahme aus der Federfahne. Deutlich zu erkennen sind die miteinander verzahnten Federstrahlen, welche die Federäste verbinden, sodass sich eine geschlossene Federfahne bildet. Sollte der Verschlussmechanismus bei hoher mechanischer Beanspruchung reißen, kann ihn der Vogel mit dem Schnabel wieder reparieren.

S. 98

Flaggendrongo, *Dicrurus paradiseus,* Südostasien, Steuerfeder, 33 cm
Auffälligstes Gefiedermerkmal des Flaggendrongo sind die extrem verlängerten Außenfedern des gegabelten Schwanzes. Sie besitzen einen drahtartigen Federkiel, der mit einer breiten, verdrehten Fahne an der Federspitze endet, einer Flagge.

S. 100

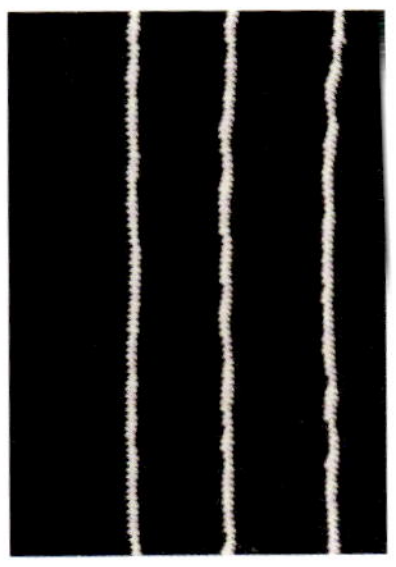

Geierperlhuhn, *Acryllium vulturinum,* Ostafrika, Armschwinge, 26 cm
Die Art verfügt über 16 bis 17 Armschwingen pro Flügel. Die Zeichnung der Außenfahne besteht aus feinen weißen Linien, die der gegenüberliegenden Innenfahne aus weißen Tupfen. Beide Geschlechter sind äußerlich kaum zu unterscheiden.

S. 101

Rosalöffler, *Platalea ajaja,* südliche USA/ Südamerika, Armschwinge, 21 cm
Die Feder gehört zu den großen Federn am Arm des Vogelflügels und ist an der Elle befestigt. Mit der langen Spule ist sie tief in der Haut verankert. Zusammen mit den Handschwingen bilden die Armschwingen die Tragflächen des Vogels. Die Anzahl der Armschwingen ist abhängig von der Länge des Knochens. Diese Spezies besitzt zehn Armschwingen pro Flügel.

S. 102

Sonnenralle, *Eurypyga helias,* Mittel- und Südamerika, Handschwinge, 16 cm
Auf den ersten Blick schlicht gefärbt und damit gut getarnt, kommt die beeindruckende Federfärbung erst ans Licht, wenn die Flügel der Sonnenralle geöffnet sind. Die Handschwingen sind hübsch gemustert und auf den Flügeloberseiten befinden sich augenförmige Flecken. So wirkt sie größer und bedrohlicher, um potenzielle Angreifer in die Flucht zu schlagen.

S. 103

Diamantfasan, *Chrysolophus amherstiae,* China/Tibet, Steuerfeder, 23 cm
Wie bei den meisten Fasanenarten zeigt auch diese Art einen deutlichen Geschlechtsdimorphismus. Das Steuer der Hähne ist besonders beeindruckend und kann über einen Meter lang werden. Während der Balz spreizt der Hahn seine Schwanzfedern und lässt sie erzittern, wodurch ein raschelndes Geräusch erzeugt wird.

S. 104–105

Löffelente, *Anas clypeata,* Holarktis, Flügelfedern
Die kastanienbraunen, übereinanderliegenden Federn eines zusammengefalteten Flügels in Ruheposition. Die Löffelente erreicht eine Flügelspannweite von bis zu 80 Zentimetern. Während der Erpel im Prachtkleid farbenfroh erscheint, ist er im Ruhekleid nur auf den zweiten Blick von den Weibchen zu unterscheiden.

S. 106

Großtrappe, *Otis tarda,* Marokko/Süd- und Mitteleuropa/Zentralasien/Mongolei, Armschwinge, 33 cm
Die Großtrappe zählt zu den weltweit größten und schwersten flugfähigen Vögeln. Ihre Armschwinge weist eine deutliche Bänderung auf, die sich auch auf dem Großteil des Körpergefieders zeigt. Diese Art der Zeichnung wird als Sperberung bezeichnet.

S. 107

Gabelracke, *Coracias caudata,* Ost- und Südafrika, Handschwinge, 13 cm
Der Ausschnitt aus dem mittleren Teil der Feder zeigt die artspezifische Färbung der Fahne. Die Außenfahne ist im oberen Teil mitternachtsblau, die Innenfahne dagegen dunkelblau und braun. Im unteren Teil dominieren Hellblau und Weiß. Als Feder, die für den aktiven Flug zuständig ist, besitzt sie eine deutlich asymmetrische Form.

S. 108

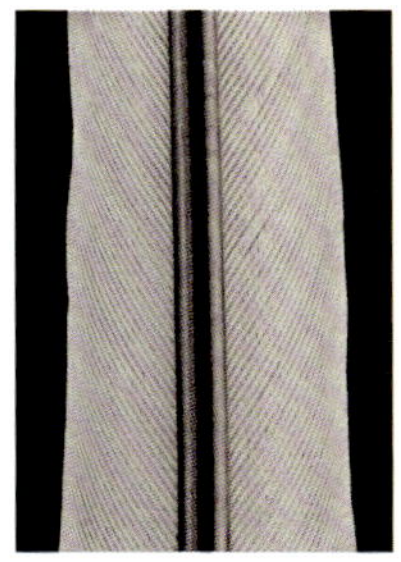

Weißschwanz-Tropikvogel, *Phaethon lepturus,* Pazifik/Indischer- und Atlantischer Ozean/Karibisches Meer, Steuerfeder, 45 cm
Die eleganten schwarz-weißen Seevögel verbringen die meiste Zeit auf dem offenen Meer. Beide Geschlechter unterscheiden sich kaum. Das mittlere Paar der Steuerfedern ist bei adulten Tieren deutlich verlängert. Der Schwanz macht etwa die Hälfte der gesamten Körperlänge aus.

S. 109

Schillerglanzstar, *Lamprotornis iris,* Westafrika, Steuerfeder, 8 cm
Das schimmernde Gefieder gab dieser zu den Sperlingsvögeln gehörenden Art ihren Namen. Der Glanz des Gefieders wird durch sogenannte Strukturfarben hervorgerufen. Sie entstehen, indem das Licht an mikroskopisch kleinen Strukturen in den Federn auf unterschiedliche Weise gebrochen und reflektiert wird.

S. 110–111

Alexandersittich, *Psittacula eupatria,* Südasien/Südostasien/ Sri Lanka, Schwanzfedern
Diese farbenprächtigen Steuerfedern können auch in deutschen Gefilden gesichtet werden. Hier haben sich mehrere Populationen dieser Papageienart etabliert, deren Ursprung in ausgesetzten oder entflohenen Individuen bestand.

S. 112–113

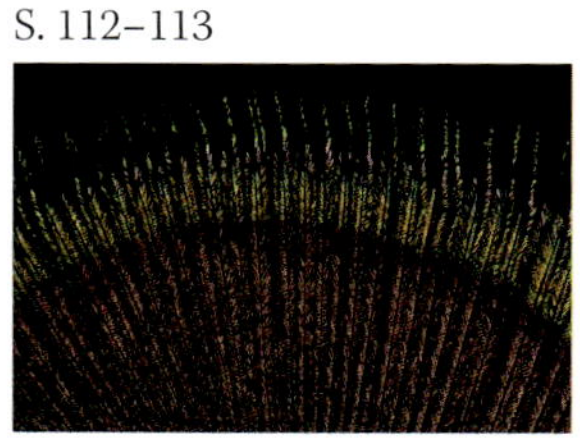

Blauer Pfau, *Pavo cristatus,* indischer Subkontinent, Rückenfeder, 12 cm
Detailaufnahme vom oberen Rand einer Rückenfeder. Die schimmernden Farben haben ihren Ursprung in den Federstrahlen, die beidseitig von den schwarzen Federästen abzweigen. Je nach Richtung des Lichteinfalls und dem Betrachtungswinkel sorgen Nanostrukturen für die irisierenden Farbeffekte.

S. 114

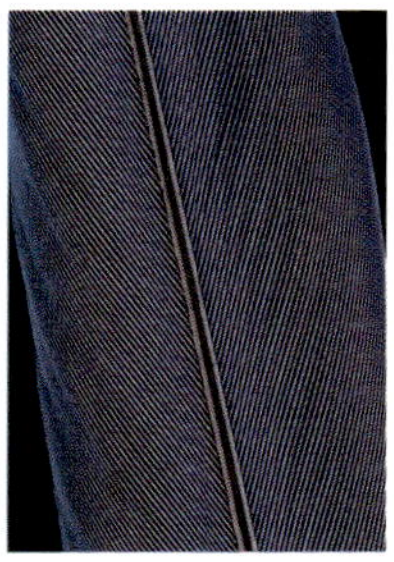

Spix-Ara, *Cyanopsitta spixii,* Brasilien, Steuerfeder, 37 cm
Das intensive Blau der Feder entspringt ihren Federästen. Dort wird das Licht an winzigen Melanin-Körnchen gestreut, die ausschließlich das kurzwellige, blaue Licht reflektieren. Solch eine Streuung von Licht wird als Tyndall-Effekt bezeichnet.

S. 120–121

Grünflügelara-Gelbbrustara-Hybrid, *Ara chloroptera/Ara ararauna,* Südamerika, Rumpfgefieder
Beide Aras zählen zu den größten Papageien der Welt. Das Gefieder der Kreuzung ist, wie das seiner reinrassigen Eltern, mehrfarbig. Farbige Pigmente in den Federn schützen das Gefieder vor Bakterienbefall. Das könnte ein Grund für die auffallende Buntheit der Papageien in ihrem tropischen Lebensraum sein.

S. 123

Kubaflamingo, *Phoenicopterus ruber,* Mittel- und Südamerika, Schirmfeder, 30 cm
Die inneren Armschwingen eines Flügels werden auch Schirmfedern genannt. Im zusammengefalteten Flügel übernehmen sie eine Schutzfunktion der darunter liegenden Schwungfedern. Die Färbung dieser Feder entsteht durch Carotinoide, die in Kleinkrebsen enthalten sind, der Hauptnahrung der Flamingos.

S. 124

Amerikanischer Schlangenhalsvogel, *Anhinga anhinga,* Südosten der USA/Mittelamerika/Amazonien/Argentinien, Steuerfeder, 24 cm
Detailansicht aus dem mittleren Bereich der Feder. Das zentrale Paar der Schwanzfedern zeigt eine Besonderheit: Die Innenfahnen sind wellenartig gerippt. Für die dunkle Färbung sind eingelagerte Melanine verantwortlich. Diese Pigmente erhöhen auch die mechanische Stabilität strapazierter Federn.

S. 125

Blauer Pfau, *Pavo cristatus,* indischer Subkontinent, Oberschwanzdeckfeder, 123 cm
Detailaufnahme aus dem Augenfleck einer Oberschwanzdeckfeder, die sich zu einer Schmuckfeder des männlichen Pfaus entwickelt hat. Die schimmernde Buntheit der Federoberfläche entspringt den feinen Federstrahlen, an deren Mikrostrukturen die Lichtwellen in unterschiedlichster Weise reflektiert werden.

S. 126–127

Himalaya-Glanzfasan, *Lophophorus impejanus,* Afghanistan/Bhutan/Tibet/Nepal, Gefiederausschnitt
Während die Weibchen ein schlicht braunes Federnkleid tragen, schmückt die Männchen ein metallisch glänzendes Gefieder. Es schillert in Grün-, Lila-, Rot- und Blautönen, die Schwanzfedern kupferfarben; kein Wunder also, dass die Art weltweit als Ziervogel gehalten wird.

S. 128

Mähnengans, *Chenonetta jubata,* Australien, Schirmfeder, 16 cm
Die Schirmfedern liegen schützend über dem zusammengefalteten Flügel. Wegen ihrer besonderen Funktion sind sie oft anders geformt als die übrigen Armschwingen. Meist sind sie breiter und auch speziell gefärbt, wie in diesem Fall. Je nach Lichteinfall schimmert ein Teil der Innenfahne von Blau bis Grün.

S. 129

Rosalöffler, *Platalea ajaja,* südliche USA, Südamerika, Armschwinge, 21 cm
Die Art ist bekannt für ihr rosafarbenes Federkleid. Auch die Armschwinge besitzt eine kräftige rosa Färbung mit einem noch stärker ins Pink gehenden Federkiel. Die Farbe der Federn kommt durch Carotinoide zustande, die in in kleinen Krebsen und Algen enthalten sind. Die Intensität der Färbung schwankt mit dem Futterangebot.

S. 130–131

Turkmenen-Uhu, *Bubo bubo omissus,* Eurasien bis westliches China, Gefiederausschnitt
Der Turkmenen-Uhu ist eine Unterart des Uhus, der größten Eule der Welt. Sein tarnfarbenes Gefieder ist beige bis sandfarben mit einer dunkleren Bänderung. Diese helle Gefiederfarbe dürfte eine Anpassung an das Leben in Steppengebieten sein.

S. 132

Spix-Ara, *Cyanopsitta spixii,* Brasilien, Steuerfeder, 37 cm
Detailansicht aus dem mittleren Bereich der Fahne, mit zarten Federästen und kräftigem Schaft. Das intensive Blau entspringt den Federästen. In ihrem Inneren wird das Licht an mikroskopisch kleinen Melanin-Körnchen gestreut, die so winzig sind, dass nur das kurzwellige Licht reflektiert wird: Die Feder erscheint blau.

S. 133

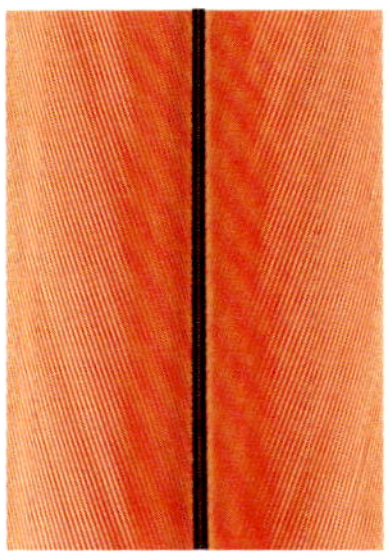

Scharlachara, *Ara macao,* Mittel- und Südamerika, Steuerfeder, 59 cm
Detailaufnahme aus einer zentralen, sehr langen Steuerfeder. Im Gegensatz zu anderen rotgefärbten Vögeln (wie Flamingos), deren Färbung durch Carotinoide in der Nahrung zustande kommt, produzieren Papageien die roten Farbstoffe, Psittacofulvine, selbst. Diese Farbpigmente schützen das Gefieder vor Bakterienbefall.

S. 134–135

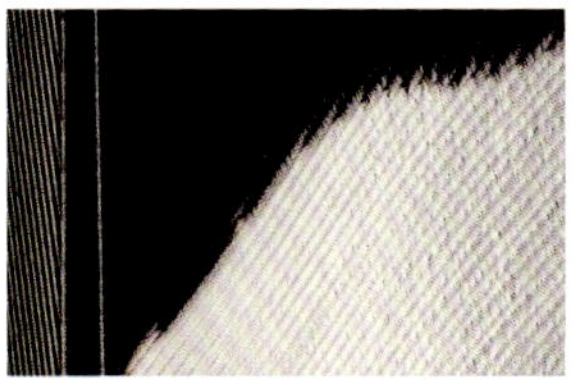

Dreizehenmöwe, *Rissa tridactyla,* Holarktis, Handschwinge, 23 cm
Ausschnitt aus der oberen Region der Feder. Die Spitzen der Flugfedern dieser sonst weiß-grau gefiederten Möwenart sind schwarz. Dort ist der mechanische Verschleiß am größten. Neben ihrer färbenden Eigenschaft festigen die dunklen Melanine die Struktur der Feder.

S. 136

Sulawesi Pitta, *Pitta erythrogaster celebensis,* Sulawesi/Manterawu/Togian Inseln, Gefiederausschnitt
In der Familie der Pittas finden sich viele bunt gefärbte Arten, deren leuchtende Federn oft an der Bauchseite zu sehen sind. Bei dieser Art wird das blaue Brust- und das orangerote Bauchgefieder durch eine schmale schwarze Linie kontrastreich getrennt.

S. 137

Kongopfau, *Afropavo congensis,* afrikanisches Kongobecken, Deckfeder, 5 cm
Oberer Rand einer Feder aus der Brustregion. Das Deckgefieder der Männchen dieser Art ist überwiegend blau, grün und schwarz gefärbt. Erst im Jahr 1936 wurde der wenig bekannte Pfau beschrieben, dessen Existenz als zoologische Sensation galt.

S. 138

Scharlachara, *Ara macao,* Mittel- und Südamerika, Schulterfeder, 10 cm
Unter den Vögeln zählen Papageien zu den buntesten, diese Art, mit einer Länge von bis zu 90 Zentimetern, zu den größten. In ihrem feucht-tropischen Lebensraum schützen die farbigen Pigmente das Gefieder vor schädlichen Bakterien.

S. 139

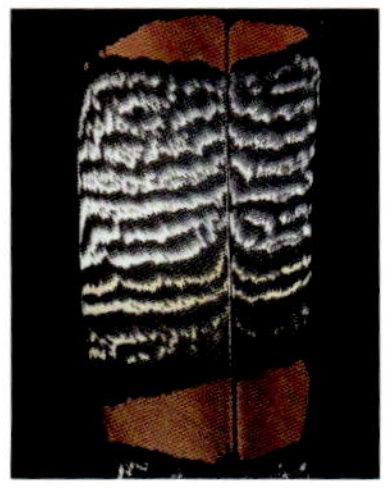

Sonnenralle, *Eurypyga helias,* Mittel- und Südamerika, Steuerfeder, 17 cm
Besonders während der Balz, bei ausgebreiteten Flügeln und gespreiztem Schwanzgefieder, zeigt sich die beeindruckende Zeichnung des Vogels, dessen Farben an einen Sonnenuntergang erinnern. Von dieser Anmutung leitet sich der deutsche Artname ab.

S. 140–141

Kupferspiegelente, *Speculanas specularis,* Südamerika, Flügelgefieder
Ihren Namen verdankt die Art dem rot-kupferleuchtenden Spiegel auf dem Flügel der Männchen. Der schillernde Effekt entsteht an den Federfahnen der Armschwingen und beruht auf Interferenzen an den regelmäßigen Mikrostrukturen der Feder.

S. 142

Pharaonenibis, *Threskionis aethiopicus,* Afrika/Irak, Handschwinge, 29 cm
Im alten Ägypten galten diese Ibisse als Inkarnation des Mondgottes Thot. Die Flügel des Vogels zeigen im Flug einen schwarzen Saum, der durch die Spitzen der ansonsten weißen Federn hervorgerufen wird. Das dunkle Pigment Melanin stärkt die Federstruktur und schützt vor Verschleiß der stark beanspruchten Federareale.

S. 144

Helmkasuar, *Casuarius casuarius,* Australien, Körpergefieder
Das Gefieder dieser großen Laufvögel ist nicht für das Fliegen gemacht und daher andersartig gestaltet, als das der flugfähigen Arten. Bei ausgewachsenen Tieren ist ihr Körper mit glänzend schwarzen Federn bedeckt, die eher wie Haare oder Fell anmuten.

S. 145

Kubaflamingo, *Phoenicopterus ruber,* Mittel- und Südamerika, Flügelgefieder
Der Farbton des Flamingo-Gefieders reicht von Blassrosa bis Rot. Diese Abstufungen entstehen durch die Menge an Carotinoiden, welche die Vögel zu sich nehmen. In Zoos werden dem Futter der Vögel häufig Farbstoffe zugesetzt, um die typische Färbung zu erreichen. Sie ist für das Sozialverhalten und den Fortpflanzungserfolg bedeutsam.

S. 146

Silberfasan, *Lophura nycthemera,* Indochina, Flügeldeckfeder, 7 cm
Die Deckfedern der Männchen, die seine Oberseite und die Flügel bedecken, sind weiß und mit zarten schwarzen Linien versehen. Sie liegen dachziegelartig übereinander und verleihen dem Fasanenhahn sein charakteristisches Federkleid, wogegen die Henne im Wesentlichen olivbraun gefärbt ist.

S. 147

Diamantfasan, *Chrysolophus amherstiae,* China/Tibet, Kragenfeder, 9 cm
Der typische Federkragen der Hähnebesteht aus breiten weißen Federn mit einem dunklen Saum und einer geraden Linie. Der Kragen reicht vom Scheitel bis in den Nacken und auf die Seiten der Brust. Bei der Balz werden die Federn wie ein Fächer aufgespreizt, während der Hahn die Henne über den Kragenrand hinweg mit einem Auge fixiert.

S. 148–149

Blau-Seidenkuckuck, *Coua caerulea,* Madagaskar, Armschwinge, 12 cm
Bei dieser Kuckuck-Art existiert kein Sexualdimorphismus. Beide Geschlechter haben ein intensiv blaues Gefieder, das auf den Flügeln und dem Schwanz violett schimmert. Für den Farbeffekt sind nicht Pigmente verantwortlich, sondern Strukturfarben, die durch Interferenzen an den Mikrostrukturen der Feder entstehen.

S. 150

Schillerglanzstar, *Lamprotornis iris,* Westafrika, Steuerfeder, 9 cm
Der kräftige Kiel der Steuerfeder sorgt für die Stabilität. Die Lichtbrechung in den Federstrukturen ist für den irisierenden Farbeffekt verantwortlich, der dieser Art ihren Namen gab. Der smaragdgrüne Glanz erstrahlt nicht nur am Schwanzgefieder, sondern auch am oberen Kopf, Nacken, den Schultern und der Oberseite des Vogels.

S. 151

Amethystglanzstar, *Cinnyricinclus l eucogaster,* Arabische Halbinsel/Afrika, Steuerfeder, 7 cm
Detail aus der Federfahne. Zu sehen sind die Federstrahlen, die von den Federästen abzweigen. Nur der männliche Vogel besitzt das metallisch glänzende Gefieder, das irisierend zwischen lila-blau und pflaumenviolett schwankt, je nach Richtung des Lichteinfalls.

S. 153

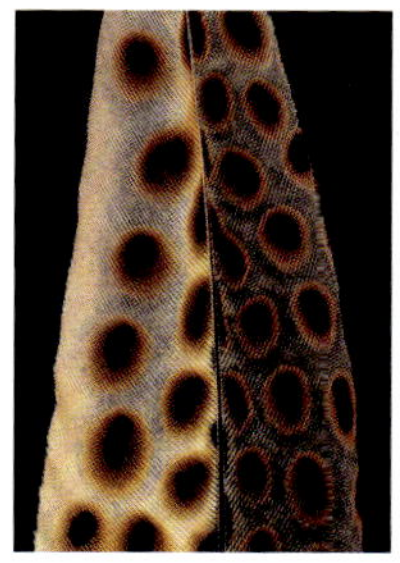

Argusfasan, *Argusianus argus,* Südostasien, Handdeckfeder, 15 cm
Der Federausschnitt zeigt die charakteristische Zeichnung des Argusfasan-Männchens. Die Augenflecke in unterschiedlicher Ausprägung werden während der Balz spektakulär zur Schau gestellt.

S. 154–155

Afrikanischer Strauß, *Struthio camelus,* Afrika, Handschwinge, 71 cm
Das Gefieder der Straußen-Hähne ist schwarz, nur der Schwanz und ie Schwungfedern der Flügel sind weiß. Die flugunfähigen Laufvögel besitzen keine aerodynamischen Federn mehr. Die Federäste zweigen lose vom Schaft ab und sind nicht miteinander verbunden. Die zum Flug ungeeigneten Flügel werden während der Balz gekonnt zur Schau gestellt.

S. 156–157

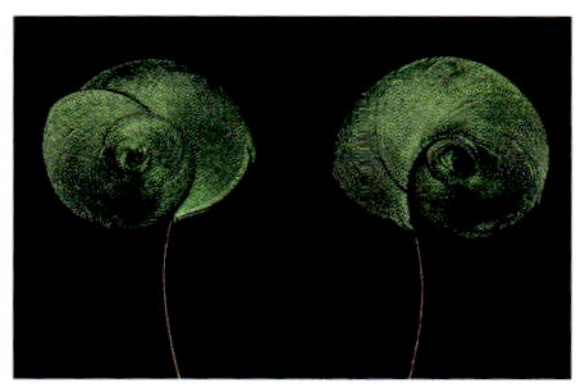

Königs-Paradiesvogel, *Cicinnurus regius,* Neuguinea, Schwanzfedern
Die Kiele der mittleren Schwanzfedern sind bei dieser Art stark verlängert. Sie ragen über das übrige Schwanzgefieder hinaus und enden in ungewöhnlichen, spiralförmigen Fahnen. Diese smaragdgrünen Schmuckfedern werden vom Männchen während der Balz so präsentiert, dass sie zitternd über dem Körper schweben.

S. 158

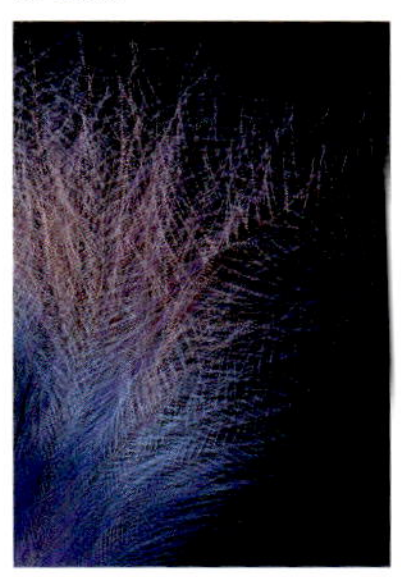

Blauparadiesvogel, *Paradisaea rudolphi,* Papua-Neuguinea, Schwanzgefieder
Bei dem kobaltblauen Schwanzgefieder handelt es sich um filigran verästelte Schmuckfedern, die nicht für den Flug bestimmt sind, sondern im komplexen Balzverhalten eingesetzt werden. Der Bestand der Art wird von der IUCN als gefährdet eingestuft, aufgrund des Lebensraumverlustes und wegen Bejagung des schönen Vogels.

S. 166–167

Grauer Pfaufasan, *Polyplectron bicalcaratum,* Indochina, Schwanzgefieder
Zum Verhaltensrepertoire des Männchens während der Balz gehört das Sträuben und Hochstellen des Schwanzgefieders. Hierbei werden die jetzt sichtbaren irisierenden Augenflecke dem Weibchen präsentiert.

S. 168

Pharaonenibis, *Threskiornis aethiopicus,* Afrika/Irak, innere Armschwinge, 29 cm
Im überwiegend weißen Gefieder fallen die zu Schmuckfedern verlängerten inneren Armschwingen auf. Ihre Federäste sind nicht miteinander verbunden, sondern die Fahne ist haarartig zerschlissen.

S. 169

Blauer Ohrfasan, *Crossoptilon auritum,* China, Steuerfeder, 53 cm
Der Schwanz dieser Art besteht aus 24 Steuerfedern. Die innersten Schwanzfedern sind zu reinen Schmuckfedern umgebildet. Die Fahnen sind stark zerschlissen, ihre verlängerten Äste hängen haarartig herunter. Für das Fliegen haben diese Federn keine Funktion mehr.

S. 170–171

Blauer Pfau, *Pavo cristatus,* Indien/Sri Lanka, Rückenfeder, 12 cm
Detailaufnahme aus dem Bereich des Augenflecks an der Spitze der Feder. Deutlich zu erkennen sind die übereinanderliegenden kupferfarben irisierenden Federstrahlen, deren Färbung durch Reflexion des Lichtes an mikroskopisch kleinen Strukturen zustande kommt.

S. 172

Kampfläufer, *Philomachus pugnax,* Europa/Nordafrika/Asien, Gefiederkragen
Das Prachtkleid jedes Männchens ist individuell gefärbt. Für einige Wochen im Jahr tragen sie einen aufrichtbaren Federkragen, der oftmals beim Kräftemessen mit Rivalen in einer Bal zarena zur Schau gestellt wird.

S. 173

Pfauentruthuhn, *Meleagris ocellata,* Mittelamerika/Oberschwanzdeckfeder, 12 cm
Die Feder mündet in zwei lechtend blaue Augenflecke, schwarz eingefasst. Diese Zeichnung ist charakteristisch für das Gefieder der Hähne, das sie während der Balz den Weibchen präsentieren, indem sie mit ihren Schwanzfedern ein Rad schlagen.

S. 174

Grauer Pfaufasan, *Polyplectron bicalcaratum,* Indochina, Steuerfeder, 26 cm
Der Schwanz besteht aus 18–20 Steuerfedern, deren auffällige Kennzeichen zwei große, blau irisierende Augenflecke am oberen Ende der Feder sind. Teil des männlichen Balzrituals ist das Aufrichten und Sträuben der Schwanzfedern.

S. 176

Krontaube, *Goura cristata,* Neuguinea, Haubenfeder, 14 cm
Der Name der größten lebenden Taubenart der Welt beruht auf ihrer ausgefallenen Kopfbefiederung, die aus einem Strauß filigraner Haubenfedern besteht. Zusammen bilden diese Schmuckfedern die Federkrone.

S. 177

Seidenreiher, *Egretta garzetta,* Europa/Afrika/Asien/Ozeanien/Karibik/Nordamerika, Schulterfeder, 19 cm
Bei dieser Art existiert kein Sexualdimorphismus. Während der Fortpflanzungszeit entwickeln beide Geschlechter an ihren Schultern einen Schopf von feinen Schmuckfedern mit langen Ästen. Im 19. Jahrhundert waren diese Federn in der Modeindustrie sehr begehrt.

S. 178–179

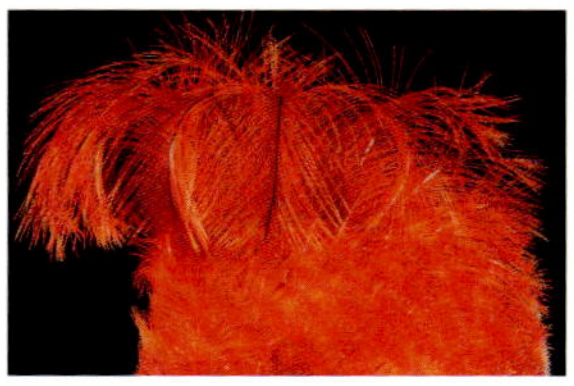

Helmkakadu, *Callocephalon fimbriatum,* Australien, Kopfgefieder
Nur die Männchen dieser Papageienart tragen eine leuchtend orangerote Kopfhaube, deren Federn während des Balzverhaltens an Kopf und Stirn aufgestellt werden. Das restliche Körpergefieder ist weitgehend grau, so wie das gesamte Gefieder der Weibchen, die keinen farbigen Kopfschmuck besitzen.

S. 180–181

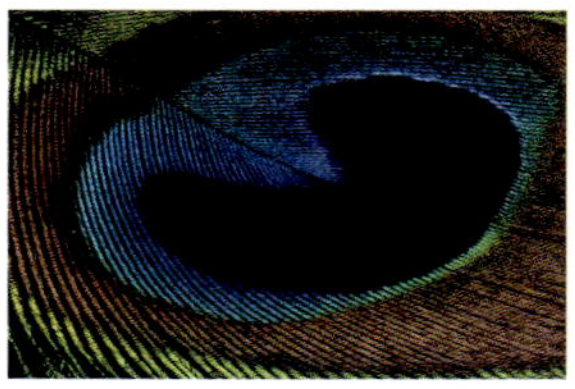

Blauer Pfau, *Pavo cristatus,* indischer Subkontinent, Oberschwanzdeckfeder, 123 cm
Die prägnanten Augenflecke am Ende der Federn sind das Charakteristikum der Pfauen-Hähne. Wenn die Männchen ihr Rad schlagen, lassen sie die Federn immer wieder raschelnd erzittern. Vor einem vibrierenden Hintergrund scheinen die vielen Augen unbeweglich zu starren, was Fressfeinde abschreckt und Hennen anzieht.

S. 182

Marabu, *Leptoptilus crumeniferus,* Afrika, Unterschwanzdeckfeder, 26 cm

Schön ist der Marabu nun wirklich nicht. Aber seine flauschigen Federn aus den Unterschwanzdecken des Brutgefieders sind in der Mode- und Deko-Branche heiß begehrt. Wegen ihrer Feinheit werden die weichen Federn auch bei der Spurensicherung in der Kriminalistik genutzt.

S. 183

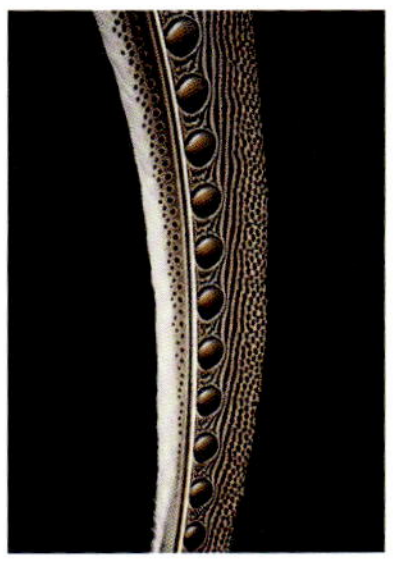

Argusfasan, *Argusianus argus,* Südostasien, Armschwinge, 66 cm

Während das Argusfasan-Weibchen unscheinbar gefärbt ist, zeigt das Männchen einen imposanten Gefiederschmuck. Seine verlängerten Armschwingen weisen entlang der Außenfahne eine Reihe markanter Augenflecke auf. Benannt wurde die Art nach dem hundertäugigen Riesen aus der griechischen Mythologie.

S. 184–185

Großer Paradiesvogel, *Paradisaea apoda,* Neuguinea, Flankenfeder, 40 cm

Bei den Männchen sind die stark verlängerten Flankenfedern nicht zu übersehen. Diese Schmuckfedern haben für die Völker Papua-Neuguineas eine traditionelle Bedeutung für ihren eigenen Körperschmuck. Um 1900 herum waren die Federn auch ein begehrter Rohstoff für die westliche Hutmacherei.

S. 186

Afrikanischer Strauß, *Struthio camelus,* Afrika, Handschwinge, 71 cm

Zu den größten Federn am Flügel des Straußes zählen die Handschwingen. Sie haben jedoch keinerlei aerodynamische Eigenschaften mehr, da der große Vogel flugunfähig ist. Im 18. Jahrhundert waren die flauschigen Straußenfedern in Europa groß in Mode und zierten die Hüte gut betuchter Herrschaften.

S. 188–189

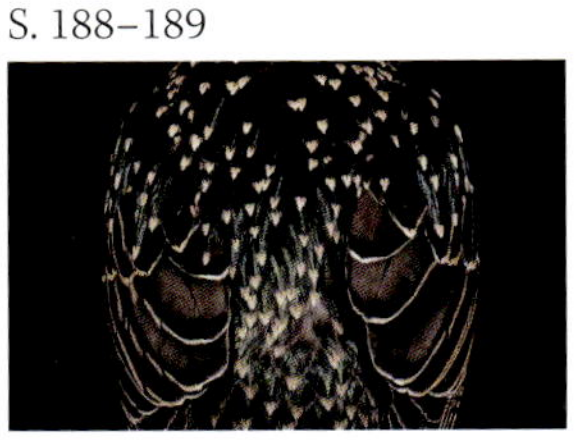

Gemeiner Star, *Sturnus vulgaris,* Eurasien/Nordamerika/Neuseeland/Australien, Rumpfgefieder

Im Schlichtkleid münden die Federn des Stares in hellen Spitzen, wodurch das Gefieder getüpfelt erscheint. Der Wechsel vom Schlicht- zum Prachtkleid geschieht durch Abnutzung der weißen Federbereiche. Darunter tritt das metallisch glänzende Prachtkleid zutage.

S. 190

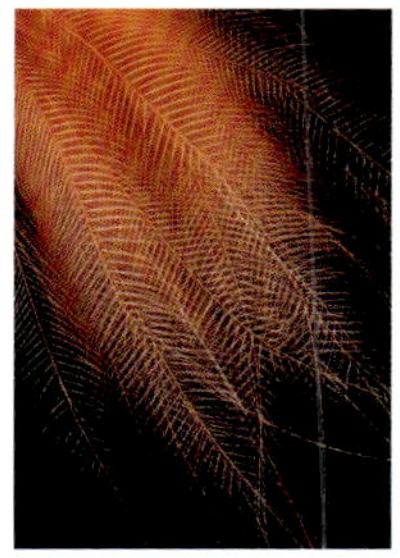

Raggi-Paradiesvogel, *Paradisaea raggiana,* Papua-Neuguinea, Schwanzgefieder

Die grazilen intensiv orange-braun-rötlichen Schmuckfedern des Männchens nehmen in der Choreografie des Balztanzes eine zentrale Rolle ein. Einige indigenen Gruppen Neuguineas nutzen das Gefieder, um es zu traditionellem Kopf- und Körperschmuck zu verarbeiten.

S. 191

Blauparadiesvogel, *Paradisaea rudolphi,* Papua-Neuguinea, Schwanzfedern

Das kobaltblaue Schwanzgefieder der Männchen ist fein verästelt, das blauschwarze mittlere Paar Steuerfedern dagegen stark verlängert, sodass es weit über das filigrane Schwanzgefieder hinausreicht. Während des Balztanzes hängt das Männchen kopfüber an einem Ast, während die beiden Steuerfedern senkrecht nach oben zeigen.

S. 192–193

Truthuhn, *Meleagris gallopavo,* Nordamerika/Mexiko, Gefieder

Der Gefiederausschnitt zeigt das für männliche Vögel typische metallische Schimmern. Für die indigene Bevölkerung Nordamerikas waren die wilden Truthühner von essenzieller Bedeutung. Die Form des »Rades« der balzenden Männchen etwa findet sich im Feder-Kopfschmuck der Prärie-Indianer wieder.

S. 194

Marabu, *Leptoptilus crumeniferus,* Afrika, Unterschwanzdeckfeder

Die Aufnahme zeigt die flauschige, daunenartige Struktur der Federfahne, deren Äste und Strahlen nicht miteinander verbunden sind. Aufgrund ihrer Weichheit werden diese Federn gerne für Federboas verwendet. Pinsel aus feinen Marabufedern kommen beim Abstauben von Fingerabdrücken in der Kriminalistik zum Einsatz.

S. 195

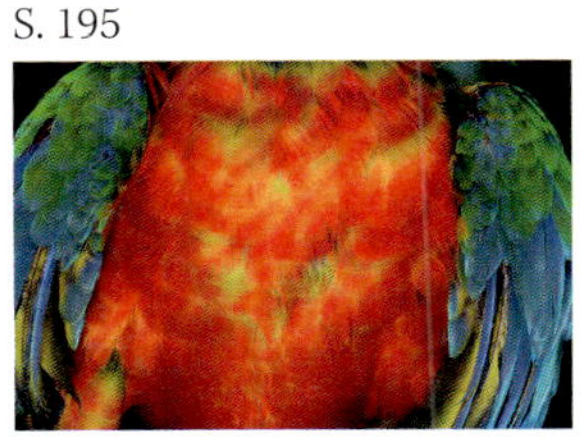

Kreuzung Grünflügelara/Gelbbrustara, *Ara chloroptera/Ara ararauna,* Südamerika, Rumpfgefieder

Wie seine reinrassigen Eltern auch zeichnet sich dieser Hybrid durch eine leuchtende Mehrfarbigkeit aus. Grundsätzlich ist eine Geschlechterbestimmung anhand der Gefiederfärbung bei dieser Art nicht möglich.

S. 196–197

Stockente, *Anas platyrhynchos,* Eurasien/Afrika/Nordamerika/Neuseeland/Australien, Steuerfeder, 8 cm
Im Prachtkleid der Stockente sind die mittleren schwarz glänzenden Steuerfedern des Schwanzes zu sogenannten Erpellocken aufgerollt. Die charakteristisch geformten Federn gelten als Jagdtrophäe und schmücken oft die Hüte von Jägern und Jägerinnen.

S. 199

Gänsegeier, *Gyps fulvus,* Südwestliche Paläarktis/Europa/Naher- und Mittlerer Osten/Teile Zentralasiens, Unterschwanzdeckfeder, 22 cm
Unterschwanzdeckfedern bedecken die Steuerfedern an der Unterseite des Schwanzes an seiner Basis. Im körpernahen Bereich der Feder geht die geschlossene Federfahne in einen weichen, daunenartigen Teil über, der die Hälfte der Federlänge einnimmt.

S. 214–215

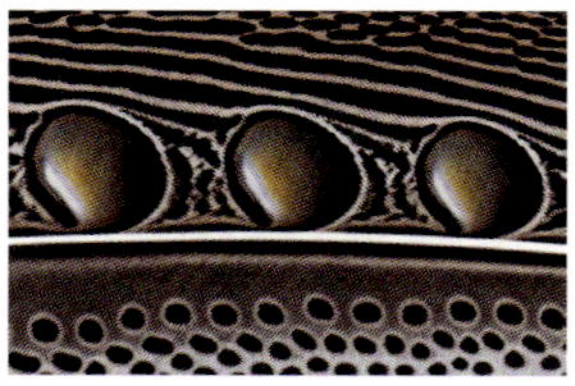

Argusfasan, *Argusianus argus,* Südostasien, Armschwinge
Die Detailansicht aus der Federfahne zeigt die ausgeprägten Augenflecke, die, neben den Schwanzfedern, vor allem auf den Außenfahnen der stark verlängerten, mittleren Armschwingen zu sehen sind. Die »Augen« sind schattiert, wodurch eine dreidimensionale Wirkung entsteht.

S. 216–217

Mandarinente, *Aix galericulata,* China/Japan, Flankenfeder, 9 cm
Im farbenprächtigen Gefieder der Männchen weisen die auffallend großen runden Flankenfedern eine feine gelbbraune Musterung auf. Namensgebend für diese Art ist der Ehrentitel »Mandarin« aus dem kaiserlichen China, da das Prachtkleid der Erpel an die traditionelle Kleidung der Titelträger erinnert.

S. 218–219

Grünflügelara, *Ara chloropterus,* Südamerika, Flügelfedern
Mit einer Flügelspannweite von fast einem Meter zählt der Grünflügelara zu den größten Papageienarten. Obwohl seine Flügel blau sind, bezieht sich sein Name auf die grünen Flügeldecken. Anhand ihrer Gefiederfärbung lassen sich Männchen und Weibchen nicht unterscheiden.

S. 220–221

Federnarrangement
Kollektion unterschiedlicher Federtypen diverser Vogelarten

MAKING-OF

Zen und die Kunst, eine Feder zu fotografieren

Da stand sie nun in unserem Studio. Eine exquisit-exklusive Kollektion unterschiedlichster Federtypen, von Vögeln aus allen Ecken der Welt. Mit ihnen erhielten wir ernst zu nehmende Anweisungen: keine direkte Sonneneinstrahlung, aber auch keine absolute Dunkelheit (das würde Motten anlocken), vorsichtig waschen ja, dann aber bitte gut föhnen – kalt natürlich.

Die sensiblen Exponate waren akkurat auf Styroporplatten aufgespießt, etikettiert und nummeriert. #39 war die Handschwinge einer Dreizehenmöwe.

Wir haben mit Licht, Objektiven und Perspektiven experimentiert, um die Essenz von #39 auf den Kamerasensor zu belichten. Prozessorgesteuert bewegte sich der Kameraschlitten automatisiert in präzisen, kleinsten Schritten vorwärts. Das verlässliche Klicken des Verschlusses, das Entladen der Blitze war verheißungsvoll. Anschließend setzte eine spezielle Software die Einzelaufnahmen zusammen und enthüllte das Ergebnis auf dem Monitor.

Wir wurden geerdet. Manche Bilder waren suboptimal, andere schlecht. Unsere Schuld. Dann versagte das Computerprogramm kläglich. Digitale Artefakte, Unschärfen, wo keine sein durften. Also: Reset. Und wieder von vorne beginnen. Und noch mal. Auch morgen würde wieder ein Federntag sein. Es sollten viele weitere folgen.

Allmählich entwickelte sich unsere Auseinandersetzung mit Natur und Technik zu einer Art Meditation, die wir genossen. Aber ganz ehrlich: Genug ist irgendwann auch genug. Schon Darwin klagte: »Beim Anblick einer Feder im Schwanz eines Pfaus wird mir übel, wann immer ich sie ansehe.« Oh, wie gut können wir den Mann verstehen!

‹‹‹ **ARGUSFASAN**
Argusianus argus
Armschwinge

‹‹ **MANDARINENTE**
Aix galericulata
Flankenfeder

▲ **GRÜNFLÜGELARA**
Ara chloropterus
Flügelfedern

›› **FEDERARRANGEMENT**
Diverse Arten

Register

Afrikanischer Strauß, *Struthio camelus*: S. 37, 44, 154, 155, 186, 201, 202 209, 211

Alexandersittich, *Psittacula eupatria*: S. 110/111, 206

Amerikanischer Schlangenhalsvogel, *Anhinga anhinga*: S. 124, 207

Amethystglanzstar, *Cinnyricinclus leucogaster*: S. 151, 209

Argusfasan, *Argusianus argus*: S. 18/19, 153, 183 200 209, 211, 212, 214, 215

Blauer Ohrfasan, *Crossoptilon auritum*: S. 82/83, 169, 204, 210

Blauer Pfau, *Pavo cristatus*: S. 10/11, 112/113, 170/171, 180/181, 200, 206, 210

Blauparadiesvogel, *Paradisaea rudolphi*: S. 158, 191, 209, 211

Blau-Seidenkuckuk, *Coua caerulea*: S. 8/9, 148/149, 209

Blaustirnamazone, *Amazona aestiva*: S. 70, 204

Brandgans, *Tadorna tadorna*: S. 94, 205

Buntstorch, *Mycteria leucocephala*: S. 57, 203

Diamantfasan, *Chrysolophus amherstiae*: S. 56, 58, 103, 147, 203, 206, 209

Dreizehenmöwe, *Rissa tridactyla*: S. 60/61, 134/135, 203, 208

Eilseeschwalbe, *Thalasseus bergii*: S. 93, 205

Eistaucher, *Gavia immer*: S. 28, 201

Fadenhopf, *Seleucidis melanoleucus*: S. 4, 49, 200, 202

Flaggendrongo, *Dicrurus paradiseus*: S. 98, 205

Gabelracke, *Coracias caudatus*: S. 84/85, 107, 204, 206

Gänsegeier, *Gyps fulvus*: S. 201, 212

Geierperlhuhn, *Acryllium vulturinum*: S. 38/39, 50, 100, 201, 202, 205

Gemeiner Star, *Paradisaea apoda*: S. 188, 189, 211

Grauer Pfaufasan, *Polyplectron bicalcaratum*: S. 166/167, 175, 209

Grauhals-Kronenkranich, *Balearica regulorum*: S. 34, 43, 46/47, 201, 202

Großer Emu, *Dromaius novaehollandiae*: S. 22/23, 200

Großer Paradiesvogel, *Paradisaea apoda*: S. 184/185, 211

Großtrappe, *Otis tarda*: S.106, 206

Grünflügelara, *Ara chloropterus*: S. 218/219, 211

Grünflügelara-Gelbbrustara-Hybrit, *Ara chloroptera/ Ara ararauna*: S. 120/121, 195, 207, 211

Habichtskauz, *Strix uralensis*: S. 88, 89, 205

Helmkakadu, *Callocephalon fimbriatum*: S. 178/179, 210

Helmkasuar, *Casuarius casuarius*: S. 40, 144, 201, 208

Himalaya-Glanzfasan, *Lophophorus impejanus*: S. 12/13, 126/127, 200, 207

Hyazinth-Ara, *Anodorhynchus hyacinthinus*: S. 20/21, 200

Inka-Kakadu, *Cacatua leadbeateri*: S. 81, 204

Kaiseradler, *Aquila heliaca:* S. 76/77, 204

Kaiserpinguin, *Aptenodytes forsteri*: S. 24, 201

Kampfläufer, *Calidris pugnax*: S. 172, 210

Kongopfau, *Afropavo congensis*: S. 137, 208

Königs-Paradiesvogel, *Cicinnurus regius*: S. 2/3, 156/157, 200, 209

Königspinguin, *Aptenodytes patagonicus*: S. 52/53, 64, 65, 202

Kormoran, *Phalacrocorax carbo*: S. 41, 202

Kragenhopf, *Lophorina superba*: S. 59, 203

Krauskopfarassari, *Pteroglossus beauharnaesii*: S. 36, 201

Krontaube, *Goura cristata*: S. 176, 210

Kubaflamingo, *Phoenicopterus ruber*: S. 90/91, 123, 145, 205, 207, 208

Kupferspiegelente, *Speculanas specularis*: S. 140/141, 208

Löffelente, *Anas clypeata*: S. 104/105, 206

Mähnengans, *Chenonetta jubata*: S. 96/97, 128, 205, 207

Mandarinente, *Aix galericulata*: S. 32, 62/63, 201 212 216/217

Marabu, *Leptoptilus crumeniferus*: S. 182, 194, 209, 212

Nördlicher Streifenkiwi, *Apteryx mantelli*: S. 66/67, 203

Pfauentruthuhn, *Meleagris ocellata:* S. 173, 210

Pharaonenibis, *Threskionis aethiopicus:* S. 143, 168, 208, 210

Prachteiderente, *Somateria spectabilis:* S. 33, 201

Raggi-Paradiesvogel, *Paradisaea raggiana:* S. 190, 211

Rosalöffler, *Platalea ajaja:* S. 101, 129, 206, 207

Scharlachara, *Ara macao:* S. 68/69, 78, 133, 138, 204, 208

Schillerglanzstar, *Lamprotornis iris:* S. 109, 150, 206, 209

Seidenreiher, *Egretta garzetta:* S. 177, 210

Silberfasan, *Lophura nycthemera:* S. 146, 209

Sonnenralle, *Eurypyga helias:* S. 51, 102, 139, 202, 206, 208

Spitzschwanz-Paradieswitwe, *Vidua paradisaea:* S. 86, 204

Spix-Ara, *Cyanopsitta spixii:* S. 79, 114, 132, 204, 207, 207

Stockente, *Anas platyrhynchos:* 4, 196/197, 198, 212

Strohhalsibis, *Threskiornis spinicollis:* S. 45, 202

Sulawesi-Pitta, *Pitta erythrogaster celebensis:* S. 136, 208

Trauerschwan, *Cygnus atratus:* S. 92, 205

Truthahn, *Meleagris gallopavo:* S. 192/193, 211

Turkmenen-Uhu, *Bubo bubo osmissus:* S. 130/131, 207

Virginia-Uhu, *Bubo virginianus:* S. 95, 205

Waldschnepfe, *Scolopax rusticola:* S. 54, 203

Weißkappenalbatros, *Thalassarche cauta:* S. 80, 204

Weißschwanz-Tropikvogel, *Phaethon lepturus:* S. 108, 206

Zwergflamingo, *Phoeniconaias minor:* S. 30/31, 201

Zwergflamingo, *Phoeniconaias minor:* S. 48, 202

Impressum

Die Autoren

Heidi & Hans-Jürgen Koch
begannen vor über 30 Jahren ihre gemeinsame Expedition in die Welt der Fotografie. Was die studierte Sozialarbeiterin und den Verhaltensforscher umtreibt, bezeichnen sie als Lebensform-Fotografie. Zahllose Publikationen in führenden Medien der Welt zeugen gleichermaßen von Passion und Profession. Das Autorenpaar hat diverse Bücher veröffentlicht, ihre Ausstellungen werden international präsentiert. Für die ihnen eigene Sichtweise sowie die Spannbreite des fotografischen Schaffens wurden sie vielfach ausgezeichnet, u. a. von: Art Directors Club, BBC Wildlife Photographer of the Year, Lead Awards, Deutscher Preis für Wissenschaftsfotografie, Alfred-Fried-Award, World Press Photo, Deutscher Fotobuchpreis. Sie erhielten den renommierten Dr.-Erich-Salomon-Preis, die wohl wichtigste internationale Auszeichnung für Fotografie, die in Deutschland vergeben wird. Sie sind berufene Mitglieder der Deutschen Gesellschaft für Photographie (DGPh).

Dank

Unser Dank geht an **Jürgen Fiebig**, der den Anstoß für ein Buchprojekt zum Thema Federn gab. Er und sein Kollege Robert Stein stellten Federn aus ihren beeindruckenden Sammlungen zur Verfügung und ermöglichten uns das Fotografieren im Museum für Naturkunde in Berlin. Nicht zu vergessen, ihre fachkundige Bestimmung der Federtypen und der dazugehörigen Träger. Der **Kulturhilfe Schleswig-Holstein** danken wir, dass sie unser Feder-Foto-Vorhaben für förderungswürdig hielt und uns darin unterstützte. **Nikolaus Gelpke und Barbara Stauss** von *mare* konnten wir für Seevogelfedern begeistern. Danke für ihr Vertrauen in unsere Vorstellungskraft. **Joachim Hellmuth** danken wir für sein Gespür und dafür, dass unsere Bilder und Texte einen Resonanzboden fanden. Dass ein schönes Buch entstehen konnte, ist dem ganzen Team von Frederking & Thaler zu verdanken. Unser besonderer Dank gilt **Charles Robert Darwin**, der sich - gegen alle Widerstände - Gedanken über die Pracht des vermeintlich Nutzlosen machte und eine Erklärung dafür fand, warum das Schöne in unsere Welt gekommen ist.

Verantwortlich: Joachim Hellmuth
Umschlaggestaltung: Mathias Frisch
Layout und Satz: BUCHFLINK Rüdiger Wagner
Lektorat: Britta Mentzel, Dorothea Sipilä
Korrektorat: Simona Fois
Technische Produktion: LUDWIG:media
Herstellung: Bettina Schippel
Printed in Tukey by Elma Basim

★★★★★

Sind Sie mit diesem Titel zufrieden? Dann würden wir uns über Ihre Weiterempfehlung freuen. Erzählen Sie es im Freundeskreis, berichten Sie Ihrem Buchhändler, oder bewerten Sie bei Onlinekauf. Und wenn Sie Kritik, Korrekturen, Aktualisierungen haben, freuen wir uns über Ihre Nachricht an Frederking & Thaler Verlag, Postfach 40 02 09, D-80702 München oder per E-Mail an lektorat@verlagshaus.de.

Unser komplettes Programm finden Sie unter
www.frederking-thaler.de

In diesem Buch wird aus Gründen der Lesbarkeit das generische Maskulinum verwendet. Weibliche und andere Geschlechtsidentitäten werden dabei ausdrücklich mitgemeint, soweit es für die Aussage erforderlich ist.
Die Deutsche Nationalbibliothek verzeichnet diese Publikation in der Deutschen Nationalbibliografie; detaillierte bibliografische Daten sind im Internet über http://dnb.d-nb.de abrufbar.

ISBN 978-3954163939

Bild- und Textnachweis: Alles Fotos und Texte (mit Ausnahme der gesondert ausgewiesenen Zitate) stammen von Heidi und Hans-Jürgen Koch.
Umschlagvorderseite: Schwanzgefieder des Königs-Paradiesvogels
Umschlagrückseite: Arrangement von Vogelfedern

Ebenfalls erhältlich:

9783954163878

9783954164011

9783954163519

9783954163700

978395416372